国家中等职业教育改革发展示范学校项目建设成果

电工技术基础与技能

刘　庆　刘　琪　主　编
黄　强　杨和先　副主编

科学出版社

北　京

内 容 简 介

本书是根据教育部颁布的"中等职业学校电工技术基础与技能教学大纲",同时参考了有关的职业资格标准或行业职业技能鉴定标准编写的。

本书主要包括电的认识与安全用电、直流电路、电容与电感、单相正弦交流电、家居照明电路、三相交流电和三相异步电动机 7 个单元的内容,学生通过"做一做"、"议一议",加深对电工基础知识的理解,通过每个单元的实践活动,掌握电工的基本操作技能。本书突出了知识的应用,体现"必需、够用"的原则,与生产和生活实际相结合,知识和技能的安排从简单到复杂,从单一到综合,符合学生的认知规律。

本书可作为中等职业学校电子技术应用、机电一体化、电气运行与控制等电气电力专业教材,也可作为相关专业工程技术人员的岗位培训教材。

图书在版编目(CIP)数据

电工技术基础与技能/刘庆,刘琪主编. —北京:科学出版社,2015
(国家中等职业教育改革发展示范学校项目建设成果)

ISBN 978-7-03-043961-1

Ⅰ. ①电… Ⅱ. ①刘… ②刘… Ⅲ. ①电工技术-中等专业学校-教材
Ⅳ. ①TM

中国版本图书馆 CIP 数据核字(2015)第 057701 号

责任编辑:张振华 / 责任校对:刘玉靖
责任印制:吕春珉 / 封面设计:曹 来

科学出版社 出版

北京东黄城根北街 16 号
邮政编码:100717
http://www.sciencep.com

北京虎彩文化传播有限公司 印刷

科学出版社发行   各地新华书店经销

*

2015 年 5 月第 一 版   开本:787×1092 1/16
2019 年 6 月第二次印刷   印张:10 3/4
字数:250 000

定价:26.00 元
(如有印装质量问题,我社负责调换〈虎彩〉)

销售部电话 010-62134988   编辑部电话 010-62135120(VT03)

序

《现代职业教育体系建设规划（2014—2020年）》指出，要建立产业技术进步驱动课程改革机制，适应经济发展、产业升级和技术进步需要，按照科技发展水平和职业资格标准设计课程结构和内容。到2020年，基本形成对接紧密、特色鲜明、动态调整的职业教育课程体系。为此，加快推进职业学校课程建设非常必要，国家中等职业教育改革发展示范学校的建设为这一工作的开展提供了很好的机遇。

重庆市荣昌县职业教育中心是第三批国家中等职业教育改革发展示范校建设单位，在国家示范学校建设的过程中，积极推进人才培养模式改革与课程体系建设，探索出了由行业、教育、人力资源社会保障等领域的专家引领，推动专业设置与产业需求、课程内容与职业标准、教学过程与生产过程对接，建立职业教育与技术进步和生产方式变革以及社会公共服务相适应的课程建设改革的经验。通过两年的实践，在畜牧兽医、建筑工程施工、模具制造技术、电子技术应用四个重点建设专业领域的课程体系建设、教材开发、数字化教学资源库建设等方面取得了显著的成效。

重庆市荣昌县职业教育中心的教材建设坚持产教融合、校企合作，坚持工学结合、知行合一，从行业、企业、院校调研起，循序开展了典型工作任务与职业能力分析、课程体系建设、课程标准制定，以此为据，在行业企业专家指导下，积极进行教材编写，形成了专业特色突出、对接工作岗位需求、联系生产实际、教学用结合紧密的系列教材。本系列教材的编写体现了先进的职教理念，着眼于学生职业生涯发展和职业素养培养，突出了职业教育课程的本质特征。

本系列教材在内容与形式上具有以下特色。

1. 遵循规律，学生为本。以服务学生综合职业能力发展为宗旨，把促进学生认知能力发展和建立职业认同感相结合。教材的体例设计与内容的表现形式充分考虑到学生的身心发展规律，语言文字简明朴实，图文并茂，版式设计与装帧风格独特，较好地体现了教材的主题和内容，实现知识与技能、过程与方法、情感态度与价值观学习的统一。

2. 任务引领，项目教学。融合行业企业需求和职业标准提炼出典型工作任务，以工作任务引领知识、技能和态度，学生通过完成工作任务的过程和所获得的成果，极大激发学生的学习兴趣，促进学生学习的主动性。通过完成典型任务来获得工作任务所需要的综合职业能力。

3. 内容实用，有效学习。设置的知识、技能、态度目标明确，以"够用、实用、会用"为原则，弱化枯燥的理论，不强调知识的系统性，而注重内容的实用性和针对性。"做中学、做中教"，实现理论与实践的一体化教学，学生通过实践活动获得知识技能，促进学生有效学习；整个教学过程与评价突出职业能力的培养。

当然，任何事物的发展都有一个过程，本系列教材编写也是如此，教材还需要不断修改完善。在使用中如发现有不足之处，敬请各位专家、老师和广大同学不吝赐教。我们希望这些教材的出版和使用，能为探索职业教育课程改革做出贡献。

向才毅

2015 年 3 月

前　言

　　本书是根据教育部中等职业教育的培养目标，以就业为导向，以培养技能型人才为出发点，按照教育部颁布的"中等职业学校电工技术基础与技能教学大纲"（以下简称大纲）编写的。在编写的过程中，遵循有关中等职业教育改革的指导思想，严格按照"大纲"的要求，注重体现本课程的基础平台性质。在内容的安排和深度的把握上，以"够用、实用"为原则，传授必备的理论知识，注重培养学生运用所学知识分析和解决实际问题的能力。

　　1．在内容的选取上，坚持体现职业需求和行业发展的趋势和要求，与技术标准、技术发展及产业实际紧密联系；努力体现职业教育改革的取向，以能力为本位，贴近实际工作过程，注重新知识、新技术、新工艺和新方法的讲解，以及与职业活动的对接；力求与电力行业的职业规范和中级电工职业技术鉴定标准相对接，以体现职业教育"双证制度"的要求。

　　2．在体系设计上，针对本课程的平台性基础课程定位，在坚持科学性的基础上，以大纲为主线，进行相关知识与技能的梳理与整合，努力实现中等职业教育教学内容组织安排的合理性、实用性和适用性，以适应中职学生的身心发展规律，并以此为原则，构建了符合大纲规定，理论知识学习与技能培养相互融合、双向互动的教材架构。

　　（1）在理论知识新课引入和学习过程中，设计了"学习目标"、"议一议"、"读一读""看一看"、"想一想"等模块，以帮助学生理解课程的理论知识，懂得"为什么学，学了有什么用"。

　　（2）按照大纲要求，并遵循从感知到认知的学习过程，安排了实践活动。与此同时，为了有利于学生对知识和技能的接受、理解与记忆，设计了"做一做"和"单元检测"模块，强化和巩固所学的知识与技能。

　　3．在呈现形式上，针对中职学生的身心特点，根据学习内容的特点，力求图文并茂，使内容的呈现形式清晰而丰富。对需要引起学生重视的内容，加入"小贴士"等学习和阅读提示，以激发学生的学习兴趣，启发学生的自我学习能力。

　　4．为了方便教学，实现了教学资源的立体配套。本书配有相应课程的教学方案、教学课件、教学资源包。教学资源包中包括试题库、实践、实训技能操作的图形、图像及声像视频，可以按照书后所提供的登录网站进入科学出版社的教学资源网络平台。该平台是教师教学、学生学习、教师开展网上互动的重要园地，为教师备课、学生自学提供了拓展空间。

　　本书由重庆市荣昌县职业教育中心刘庆、刘琪担任主编，黄强、杨和先担任副主编。具体编写分工如下：单元1由刘庆编写，单元2由杨和先、刘庆编写，单元3由刘琪、郑艳编写，单元 4 由黄强编写，单元 5 由凡时建、黄强编写，单元 6 由刘琪、易兴发编写，单元 7 由刘庆、晏文辉编写。全书由刘庆和刘琪统稿。

在编写本书的过程中，编者得到了重庆市教育科学研究院向才毅的大力支持，还得到了行业企业夏西泉、陈兴友、程彭维等专家的指导，在此表示衷心的感谢！

由于编者水平有限，书中不足之处在所难免，恳请广大读者批评指正。

编　者

2015 年 3 月

目　　录

1 单元

电的认识与安全用电

>>>>

◎ **知识目标**

- 了解常用的电能产生方式和能量的转化过程。
- 了解电工实训室的构成及安全操作规程。
- 了解安全用电常识及预防触电措施。
- 掌握电气火灾的防范及扑救常识。
- 掌握触电急救的方法。

◎ **能力目标**

- 能说出电能产生的方式。
- 能在日常生活中应用安全用电常识。
- 能熟练掌握触电急救方法。
- 能主动合作交流、自主探究学习。

1.1

电的认识

1.1.1 电的应用

随着科学的发展，电能已成为人类使用最多、最方便的能源。"电"与人们的生活息息相关。没有电，人们便无法用手机、看电视、上网……没有电的生活是无法想象的。图 1.1.1 所示是人们生活中常用的电器产品。

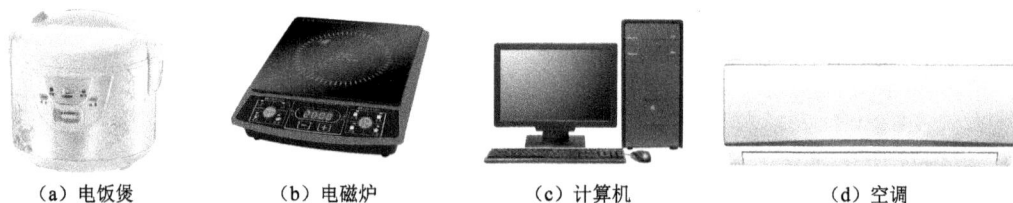

（a）电饭煲　　　（b）电磁炉　　　（c）计算机　　　（d）空调

图 1.1.1　生活中常用的电器产品

1.1.2 电能的产生

电能在自然界不是自然存在的，而是由其他形式的能量转换而成的。

1. 电池

电池可以将化学能转化为电能。常见的电池有干电池、蓄电池、太阳能电池等，如图 1.1.2 所示。其中，干电池应用最为广泛。

（a）锌锰电池　　（b）层叠电池　　（c）纽扣电池　　（d）蓄电池　　（e）太阳能电池

图 1.1.2　各种电池

2. 大规模发电

常见的大规模发电有风力发电、水力发电、火力发电和核能发电。图 1.1.3 所示为风力发电站、水力发电站、火力发电站和核电站。它们分别将风能、水能、热能、核能转换为电能，然后通过电网再传输给生产、生活等用电设备，如图 1.1.4 所示。

（a）风力发电站

（b）水力发电站

（c）火力发电站

（d）核电站

图 1.1.3　电能的产生

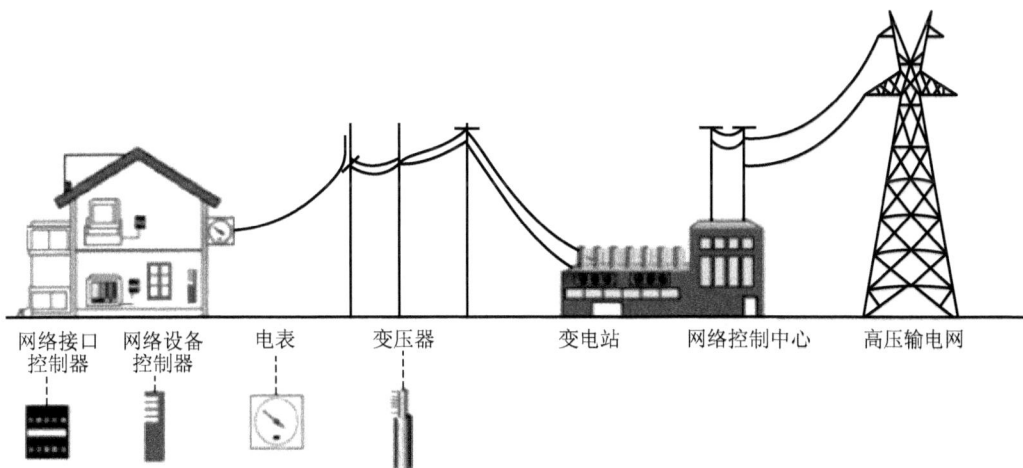

网络接口控制器　网络设备控制器　电表　变压器　变电站　网络控制中心　高压输电网

图 1.1.4　电能的输送

此外，其他形式的发电方法也在不断被开发和利用，如太阳能、地热、潮汐等。

议一议

上述哪种大规模发电方式好？为什么？

1.1.3 直流电和交流电

电能按形式划分，可分为直流电和交流电。

1. 直流电

直流电是指大小和方向不随时间发生周期性变化的电压或电流，用符号"—"表示。

直流电可以通过化学反应产生，也可以由直流发电机产生。例如，各种电池（图1.1.2）产生的就是直流电。除此之外，还可以利用特定的电路将交流电转变成直流电，如图1.1.5所示的开关电源、蓄电池、适配器等。

（a）开关电源　　　　　　　　　（b）蓄电池　　　　　　　　　（c）适配器

图1.1.5　直流电源

2. 交流电

交流电是指大小和方向随时间发生周期性变化的电压或电流，用"～"表示。

交流电是生产、生活中应用最多的电能形式。例如，家用电器大多采用单相交流电，工业生产则多采用三相交流电，这在后面的学习中会逐渐接触到。

1.2

走进电工实训室

在教师的带领下进入电工实训室，对电工实训室的布局、设备设施及安全操作规程有一个初步的了解。

1.2.1　电工实训操作台

电工实训室的每个工位都有实训操作台，如图 1.2.1 所示。它一般由台面、控制面板、网孔板等组成。在控制面板上装有交流、直流电源箱，显示输出电压的电压表，显示输出电流的电流表，漏电保护装置等。

图 1.2.1　电工实训室及实训操作台

走近实训操作台，我们可以看到各个组成部分及细节。

1）实训操作台的控制面板，如图 1.2.2 所示。

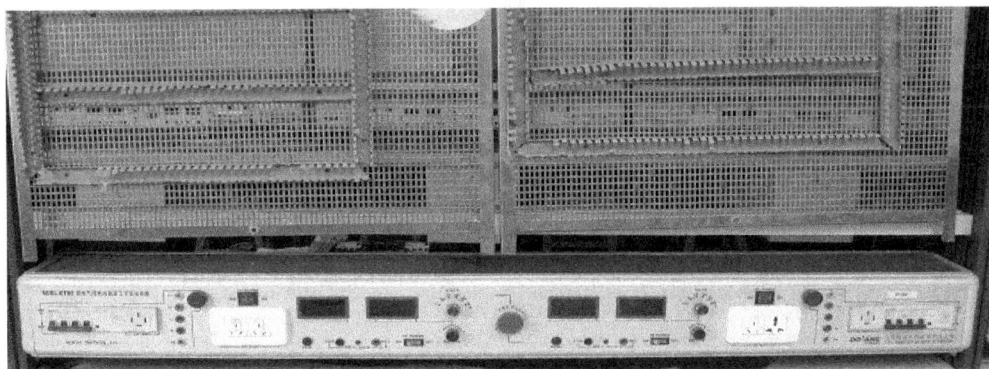

图 1.2.2　实训操作台的控制面板

2）控制面板的交流电源输入和输出部分，如图 1.2.3 所示。

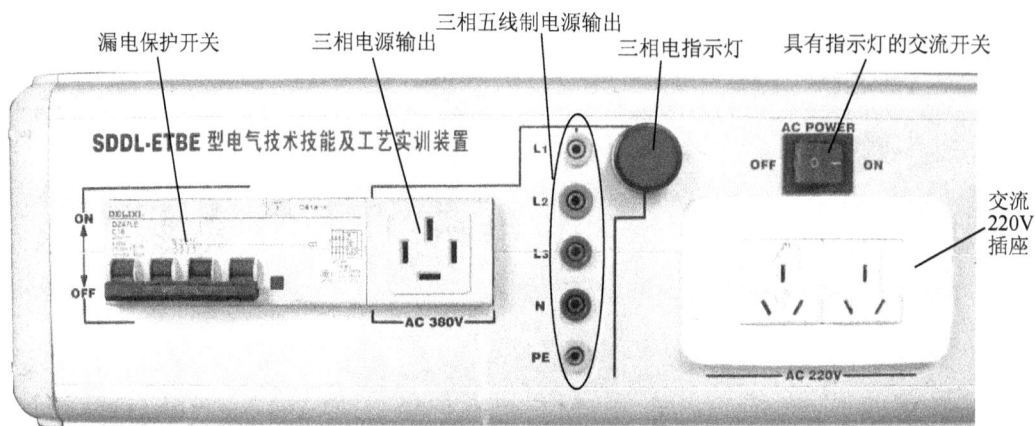

图 1.2.3　控制面板的交流电源输入和输出部分

电工实训操作台的送电、停电操作

1. 送电：先合上实训操作台带有漏电保护的总低压断路器（向上推），再合上实训操作台各分路开关，最后合上实训操作台电路控制开关。
2. 停电：与送电流程顺序相反。

3）控制面板的直流输出部分和急停按钮，如图 1.2.4 所示。

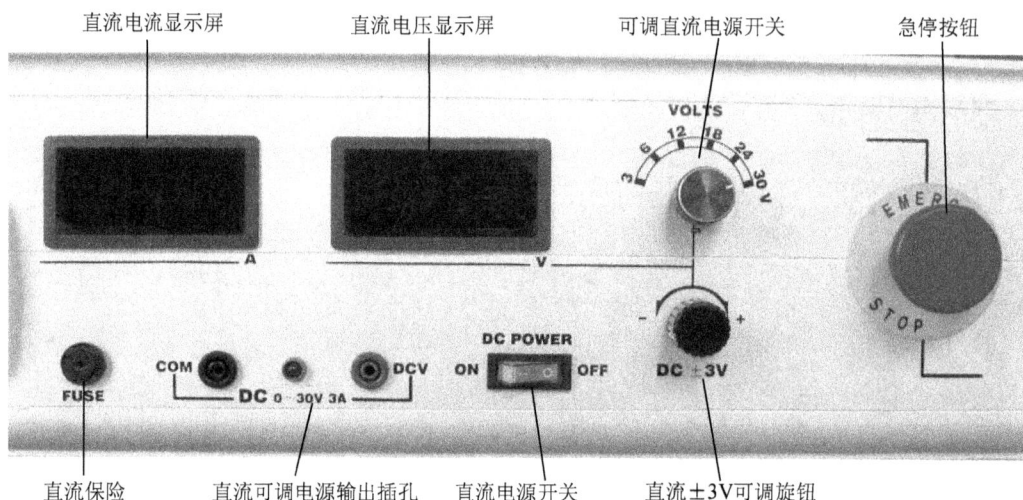

图 1.2.4　控制面板的直流输出部分和急停按钮

小贴士

在紧急情况下应直接按下急停按钮，以避免设备或人身事故！

4）不锈钢网孔板，如图 1.2.5 所示。不锈钢网孔板可自由摘下，方便实训。

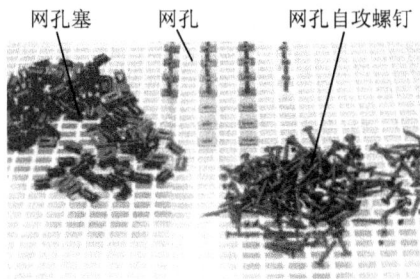

网孔塞　网孔　网孔自攻螺钉

图 1.2.5　网孔板

1.2.2　认识常用的电工工具和仪器仪表

在电工实训中，经常会用到各类电工工具和仪器、仪表。因此，有必要认识并掌握常用电工工具和仪器、仪表的使用。

1. 常用电工工具

常用电工工具指一般的电工岗位都要使用的工具。电气操作人员必须掌握常用电工工具的结构、性能和正确的使用方法。常用的电工工具有老虎钳、尖嘴钳、斜口钳、剥线钳、螺丝刀（螺钉旋具）、镊子、扳手、电烙铁、电工刀、试电笔等，如表 1.2.1 所示。

表 1.2.1　常用的电工工具

名称	图示	功能及用途
钢丝钳		钢丝钳是用于剪切或夹持导线、金属丝或工件的钳类工具。钢丝钳的规格有 150mm、175mm 和 200mm 三种，均带有橡胶绝缘套管，可适用于 500V 以下的带电作业
尖嘴钳		尖嘴钳也是电工常用的工具之一，它的头部尖细小，特别适宜于狭小空间的操作，功能与钢丝钳相似
斜口钳		斜口钳主要用于剪切导线、元器件多余的引线，还常用来代替一般剪刀剪切绝缘套管、尼龙扎线卡等

续表

名称	图示	功能及用途
剥线钳	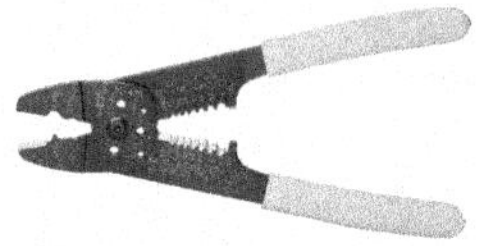	剥线钳用于剥削直径在 6mm 以下的塑料电线或橡胶电线线头的绝缘层
螺丝刀	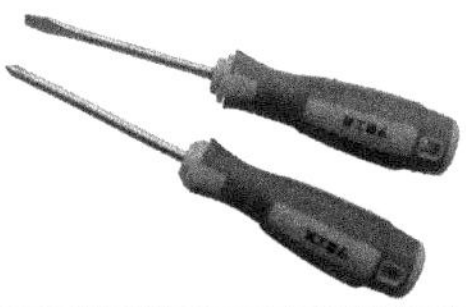	螺丝刀是用来紧固或拆卸螺钉的工具，可分为一字形和十字形两种。一字形螺丝刀主要用来旋动一字槽形的螺钉，十字形螺丝刀主要用来旋动十字槽形的螺钉
镊子		镊子是电工电子维修中经常使用的工具，常被用于夹持导线、元器件及集成电路引脚等
扳手		扳手是一种常用的安装与拆卸工具，是利用杠杆原理拧转螺栓、螺钉、螺母的手工工具
电烙铁	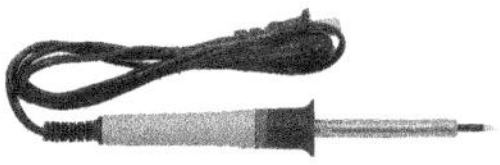	电烙铁是电子制作和电器维修的必备工具，主要用途是焊接元器件及导线，按结构可分为内热式电烙铁和外热式电烙铁，按功能可分为焊接用电烙铁和吸锡用电烙铁
电工刀	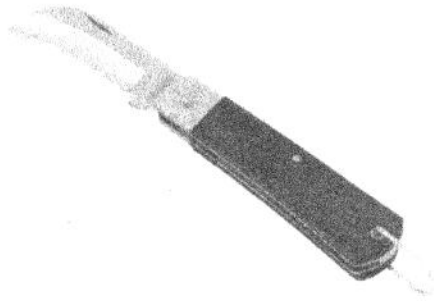	电工刀可用于剖削导线的绝缘层、电缆绝缘层、木槽板等
验电笔		验电笔简称电笔，是用来检查测量低压导体和电气设备外壳是否带电的一种常用工具。验电笔常做成小型螺丝刀结构

2. 常用电工仪器仪表

在电工职业岗位中，电工测量是不可缺少的一项重要工作，通过借助各种电工仪器、仪表对电气设备或电路的相关物理量进行测量，以便了解和掌握电气设备的特性和运行情况，检查电气元件的质量好坏。可见，认识并掌握电工仪器、仪表的正确使用是十分重要的。

常用的电工仪器、仪表的图示、功能与用途如表 1.2.2 所示。

表 1.2.2　常用的电工仪器、仪表

名称	图示	功能及用途
万用表	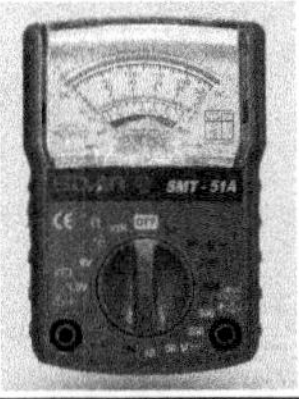 	万用表是用来测量直流电流、直流电压、交流电压和电阻等的电工仪器,常见的有指针式万用表和数字式万用表两种
示波器		示波器是用来测量被测信号的波形、幅度和周期的仪器
钳形电流表		钳形电流表是一种不需要断开电路就可直接测量较大工频交流电流的便携式仪表
信号发生器	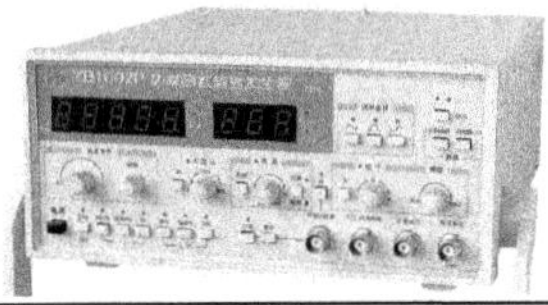	信号发生器又称信号源或振荡器,能够产生多种波形,如三角波、锯齿波、矩形波、正弦波等信号,在电路实验和设备检测中具有十分广泛的用途
兆欧表		兆欧表又称绝缘电阻表或摇表,是专门用于测量绝缘电阻的仪表,它的计量单位是兆欧($M\Omega$)。主要用来检测供电线路、电机绕组、电缆、电气设备等的绝缘电阻,以便检验其绝缘性能的好坏

读一读

常用电工仪器、仪表日常使用维护注意事项

1. 电工仪器、仪表应定期进行校验和调整,并应定期用干布擦拭,保持清洁。

2. 搬运电工仪器、仪表时应小心,轻拿轻放,以防止损坏其轴承和游丝。电工仪器、仪表的装拆工作应在切断电源后进行。

3. 电工仪器、仪表接电源前,应估计电路上要测的电压、电流等是否在最大量程内。其引线必须适当,要能负担测量时的负载而不致过热,并不致产生很大的电压降而影响电工仪器、仪表的读数。

4. 在使用电工仪器、仪表时,应注意做好零位调整,使指针指在起始位置(零点)。如指针不指零位,可旋转调零旋钮,使指针回到零点位置;如指针转动不灵活,不可硬敲表面,而须考虑进行检修。由于使用不当而将指针撞弯,不能旋转调零旋钮

调节零位时，必须拆开修理。

5. 电工仪器、仪表不能随便加润滑油，不能加普通食用油或其他油脂，这样会损坏电工仪器、仪表。

6. 电工仪器、仪表发生故障时，应送相关单位进行修理。

7. 电工仪器、仪表存放的地方，周围温度应保持在 10～30℃，不能放在炉子旁或其他冷热变化急剧的场所，相对湿度应在 30%～80%。周围空气应清洁，没有过多尘土，并不含有酸、碱腐蚀性气体。在南方还应注意在黄梅季节时加强对电工仪器、仪表存放条件的检查，防止线圈发霉与零件生锈。

1.2.3 电工实训室安全操作规程

在实训中，安全操作规程是保护人身与设备安全、确保实训顺利进行的重要制度。进入电工实训室后，要严格按照电工实训室安全操作规程进行操作。

读一读

电工实训室安全操作规程

1. 实训前，应根据要求做好器材、工具准备和检查工作。

2. 实训课严格按实训章程安全操作，要防止触电事故和其他安全事故的发生，保证人身和设备的安全。

3. 实训课不迟到、不早退，不做与实训课内容无关的事。按技能训练目标、实训步骤进行，并完成相应的实训报告。

4. 注意保管好自己的器材、工具，以防损坏或遗失。

5. 爱护国家财产，按操作规则使用仪器设备，如有损坏，按有关规定执行。

6. 每次实训结束后，应关闭所有电源，将工具、仪器、仪表按规定摆放整齐。

7. 爱护实训室清洁卫生，每次实训课后，应认真清洁实训设施及实训场地。

8. 及时填写相关记录表。

1.3

安全用电常识

在日常用电操作中，人体触电的事故时有发生。其中一个重要原因就是缺乏安全用电常识和违反安全操作规程。在人体触电后,抢救不及时或急救处置不当,都会造成人员二次伤害。因此,掌握安全用电常识就显得十分重要。

1.3.1　电流对人体的伤害

当电流通过人体时,电流会对人体产生热效应、化学效应及刺激作用等生物效应,影响人体的功能。严重时,可损伤人体,甚至危及人的生命。

1. 电流对人体造成伤害的相关因素

电流对人体伤害的严重程度与通过人体电流的大小、频率、持续时间、通过人体的路径及人体电阻的大小等多种因素有关。

人体对电流大小的反应如表 1.3.1 所示。

表 1.3.1　人体对电流大小的反应

电流大小	对应的人体感觉
100~200μA	对人体无害,甚至还能治病
1mA 左右	引起麻的感觉
不超过 10mA 时	人尚可摆脱电源
超过 30mA 时	感到剧痛,神经麻痹,呼吸困难,有生命危险
达到 100mA 时	很短时间使人心跳停止

2. 电流对人体造成伤害的分类

根据伤害程度的不同,电流对人体的伤害一般分为两种类型:电击伤与电灼伤。

1)电击伤:指电流流过人体时造成的人体内部的伤害,主要破坏人的心脏、肺及神经系统的正常工作。电击的危险性最大,一般死亡事故都是由电击造成的。

2)电灼伤:指电弧对人体外表造成的伤害,主要是局部的热、光效应,轻者只见皮肤灼伤,严重者的灼伤面积大并可深达肌肉、骨骼。常见的有灼伤、烙伤和皮肤金属化等,严重时可危及人的生命。

1.3.2　触电的类型与急救

1. 触电的类型

在人们的日常生活和工作中,触电是最常见的一类事故。触电主要指人体接触到带电物体,导致有电流流过人体,从而产生了各种伤害人体的现象。

根据电流通过人体的路径和触及带电体的方式,一般可将触电分为单相触电、两相触电和跨步电压触电等,如表 1.3.2 所示。

表 1.3.2　人体触电的类型

名称	图示	含义
单相触电	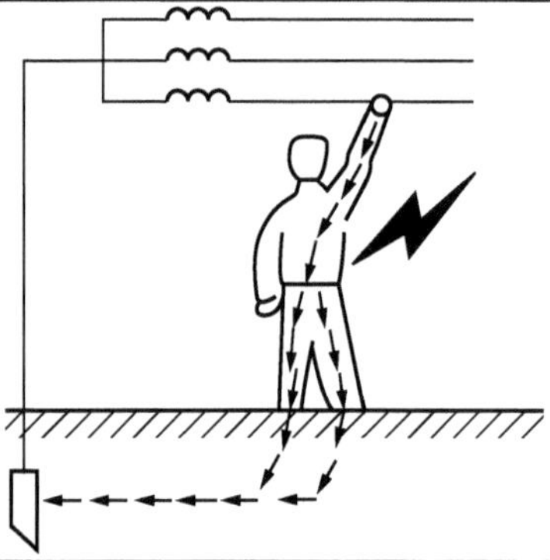	当人体某一部位与大地接触，另一部位与一相带电体接触时，电流从相线经人体到地（或中性线）形成回路而发生的触电
两相触电		发生触电时，人体的不同部位同时触及两相带电体。两相触电时，电流直接经人体构成回路。此时，流过人体的电流大小完全取决于电流路径和供电电网的电压
跨步电压触电	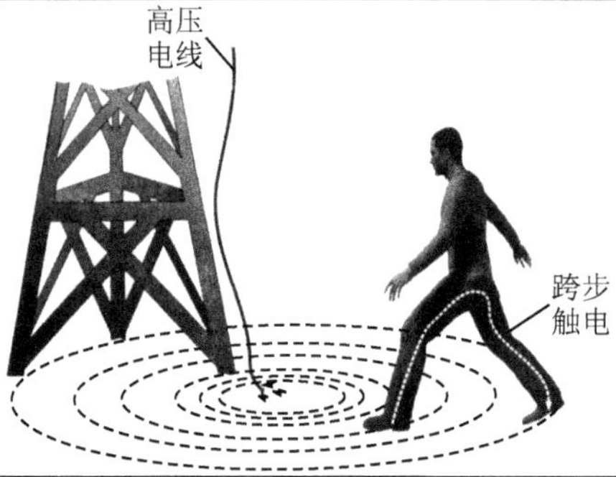	当带电体接地，有电流流入地下时，电流在接地点周围土壤中产生电压降。人在接地点周围，两脚之间出现的电位差即为跨步电压。由此造成的触电称为跨步电压触电。跨步电压触电时，电流仅通过身体下半部和两下肢，基本上不通过人体的重要器官，故一般不危及人体生命，但人体感觉相当明显。当跨步电压较高时，流过两下肢的电流较大，易导致两下肢肌肉强烈收缩，此时如身体重心不稳，极易跌倒而造成电流流过人体的重要器官（心脏等），引起人身死亡事故

2. 触电急救

当发现有人触电时，首先要尽快使触电者脱离电源，然后根据触电情况采取相应的急救措施。

（1）使触电者脱离电源

施救者应根据不同场景采取适当的措施，既要达到使触电者脱离电源的目的，也要做到自身的安全。使触电者脱离低压电源的方法，可用"拉"、"切"、"挑"、"拽"、"垫"

五个字来概括，详见表1.3.3。

表 1.3.3　使触电者脱离电源的方法

触电现场处理方法	示意图	操作要领
拉	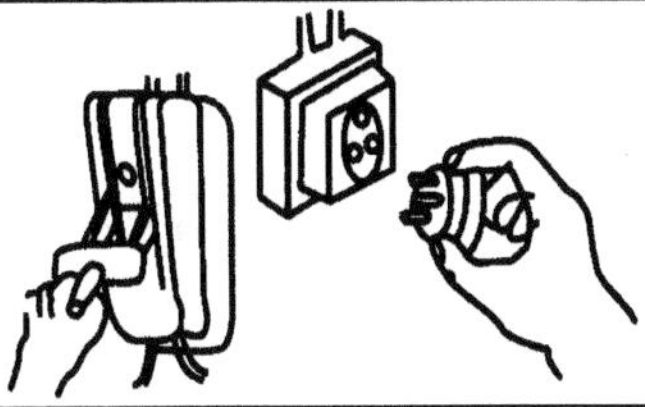	如果电源开关或插销在触电地点附近，可立即拉开或拔出插头，断开电源
切	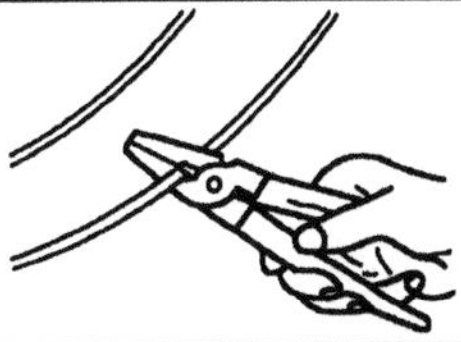	如果电源开关或插销距离触电现场较远，可用有绝缘柄的电工钳等工具切断电源。切断时应防止带电导线断落触及周围的人体
挑		如果导线落在触电者身上或被压在身下，可用干燥的绳索、木棒等绝缘物作为工具，拉开触电者或挑开导线，使触电者脱离电源
拽		救护人员可戴上绝缘手套或在手上包缠干燥的衣服等绝缘物品拖拽触电者，使其脱离电源。如果触电者的衣服是干燥的，又没有紧缠在身上，可以用一只手抓住触电者的衣服，将其脱离电源
垫		如果触电者由于痉挛，手指紧握导线或导线缠绕在身上，可先用干燥的木板插入触电者身下，使其与地绝缘，然后采取其他办法把电源切断

小贴士

使触电者脱离高压电源要做到以下两点：

1. 立即通知有关部门停电。

2. 戴上高压绝缘手套并穿上高压绝缘鞋，采用相应等级的绝缘工具拉开开关和切断电源。

（2）脱离电源后的急救

当触电者脱离电源后，应在现场就地检查和抢救，并呼叫急救车，抢救措施如下：

1）将触电者移至通风干燥的地方，使触电者仰卧，松开衣服和腰带，检查瞳孔是否放大，呼吸和心跳是否存在。

2）对于失去知觉的触电者，若其呼吸不齐、微弱，或呼吸停止而有心跳，应采用口对口人工呼吸法进行抢救。

3）对于有呼吸、心跳微弱或无心跳者，应采用胸外心脏挤压法进行抢救。

1.3.3 电气火灾防范与扑救

1. 电气火灾的防范

除了触电事故外，由于电器使用不当等原因而引起的电气火灾也存在。为了防止电气火灾，应特别注意：①防短路；②防过负荷；③防接触电阻；④防电火花；⑤防线路老化。对此，消防部门提醒：

一忌私拉乱接电气线路，随意增加线路负荷和不按标准安装用电设备。

二忌电气线路老化后不及时更换或电线接头氧化、松动、油污未及时清理与更换。

三忌电器使用或停电时不拔掉插头。

四忌用钢、铁、铝丝等代替熔丝或超标准使用熔丝。

五忌电器线路不穿管保护或沿可燃、易燃物敷设等。

2. 电气火灾的扑救

当电力线路、电气设备发生火灾时，一般都应采取断电灭火的方法，即根据火场不同情况，及时切断电源，然后进行扑救。要注意千万不能先用水救火，因为电器一般都是带电的，而泼上去的水是能导电的，用水救火不仅达不到救火的目的，还可能会使人触电，损失会更加惨重。发生电气火灾，只有确定电源在已经被切断的情况下，才可以用水来灭火。在不能确定电源是否被切断的情况下，可用干粉、二氧化碳、四氯化碳等灭火剂进行扑救。

1.4

实践活动：心肺复苏施救练习

1. 实训目的

1）会使用"口对口人工呼吸法"对触电者进行急救。

2）会使用"胸外心脏挤压法"对触电者进行急救。

2. 实训器材

心肺复苏人体模型、医用酒精和棉球。

3. 实训内容及步骤

第1步　教师演示"口对口人工呼吸法"

教师在心肺复苏人体模型（没有人体模型，则可直接在人体上进行）上演示"口对口人工呼吸法"的操作步骤。

01　将触电者仰卧，松开衣、裤，以免影响呼吸时胸廓及腹部的自由扩张。将颈部伸直，头部尽量后仰，掰开口腔，清除口中杂物。如果舌头后缩，应拉出舌头，使进出人体的气流畅通无阻，如图 1.4.1（a）所示。

02　捏鼻后仰托颈。救护者位于触电者头部的一侧，靠近头部的一只手捏住触电者的鼻子，防止吹气时气流从鼻孔流出，并用这只手的外缘压住额部，另一只手上抬其颈部，使触电者头部自然后仰，解除舌头后缩造成的呼吸阻塞，如图 1.4.1（b）所示。

03　吹气。救护者深呼吸后，用嘴紧贴触电者的嘴（中间可垫一层纱布或薄布）大口吹气，同时观察触电者胸部的隆起程度，一般以胸部略有起伏为宜，如图 1.4.1（c）所示。

04　换气。吹气结束后，迅速离开触电者的嘴，同时放开鼻孔，让其自动向外呼气，如图 1.4.1（d）所示。

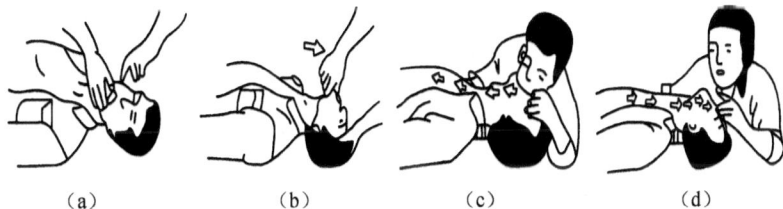

（a）　　　　（b）　　　　（c）　　　　（d）

图 1.4.1　口对口人工呼吸法

上述步骤反复进行，吹气 2s，放松 3s，大约 5s 一个循环。对成年人每分钟吹气 14～16 次，对儿童每分钟吹气 18～24 次。对儿童和体弱者吹气时，一定要掌握好吹气量的大小，且不可捏紧鼻孔，以防止吹破肺泡。

第2步　教师演示"胸外心脏挤压法"

教师在心肺复苏人体模型（没有人体模型，则可直接在人体上进行）演示"胸外心脏挤压法"的操作步骤。

01　将触电者仰卧在硬板或平整的硬地面上，解松衣、裤。抢救者跪跨在触电者腰部两侧，如图1.4.2（a）所示。

02 确定胸外心脏按压正确的按压部位：胸口剑突向上两指处，如图 1.4.2（b）所示。

03 抢救者双臂伸直，双手掌相叠，下面一只手的手掌根部放在按压部位。按压时利用上半身体重和肩、臂部肌肉力量向下平稳按压，使胸下陷，按压至最低点时应有一明显的停顿。由此使心脏受压，心室的血液被压出，流至触电者全身各部位，如图1.4.2（c）所示。

04 双手自然放松，让触电者胸部自然复位，让心脏舒张，血液流回心室，但放松时下面手掌不要离开按压部位，如图1.4.2（d）所示。

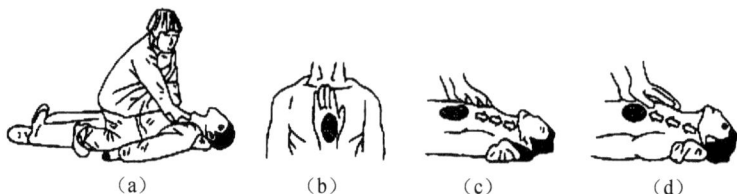

（a）　　　　　　（b）　　　　　　（c）　　　　　　（d）

图1.4.2　胸外心脏挤压法

05 重复步骤3和步骤4，按压频率为每分钟80～100次。按压深度为成人4～5cm，小孩2～3cm。

第3步　学生分组练习

在教师的指导下，学生分成两人一组，相互进行上述两种方法的急救练习。

▶▶▶▶ 单 元 检 测 ▶▶▶▶

一、填空题

1. 人体触电的常见类型有_____、_____和_____。
2. 发现有人触电，要使触电者尽快脱离电源（非高压电源）的方法可以用_____、_____、_____、_____、_____五个字来概括。

二、简答题

1. 简述电工实训室常见的电工工具和仪表及其用法。
2. 当发现有人触电时，应如何进行急救？

2
单元

直 流 电 路

>>>>>

◎ **知识目标**

- 了解电路的基本概念。
- 理解直流电路常见物理量的概念，并能进行简单计算。
- 会计算导体的电阻，了解电阻器的外形结构、作用及主要参数。
- 掌握电阻串、并联与混联的特点及计算方法。
- 掌握电流、电压、电位、电动势、电能、电功率等基本物理量及相互关系。
- 掌握欧姆定律，理解基尔霍夫定律及其应用。

◎ **能力目标**

- 会识读简单的电路图，会测量直流电路的电压、电流。
- 能识别和检测电阻元件。
- 会使用万用表测量电阻，并能正确读数。

2.1

直流电路的组成

2.1.1　了解电路的组成

在日常生活中,人们每天都会使用电灯,那么怎样才能使电灯正常发光呢?在图2.1.1中,有两个小灯泡、一个开关、两节干电池和一些导线,大家一起来动手连一连,使灯泡正常发光,并试着画出连接电路图。

手电筒电路模型如图2.1.2所示。

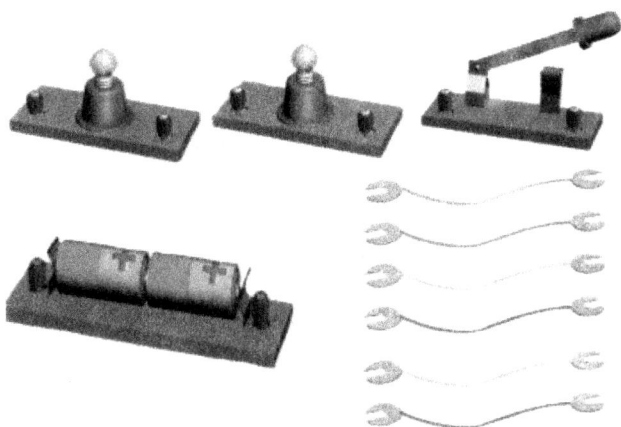

（a）手电筒电路实体图

（b）电路图

图 2.1.1　简单电路连接　　　　　　图 2.1.2　手电筒电路模型

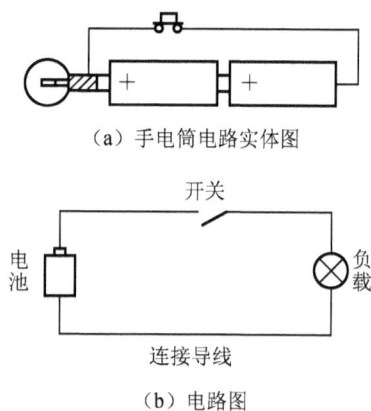

由实验和手电筒电路模型可以看出,任何电路都是由若干个实际的电气装置或电气元件根据某些特定需要按一定方式组合起来的整体。不难看出,电路是由哪几部分组成的呢?

电路由电源(实验电路中的干电池)、负载(实验电路中的灯泡)、控制和保护装置(实验电路中的开关)及导线等组成。

1．电源

电源是为电路提供能量、将其他形式的能转化为电能的装置。常见的电源有干电池、蓄电池、发电机等。

2. 负载

负载（用电器）是各种用电设备的总称。它的作用是把电能转换成其他形式的能，如电灯、电动机、电加热器等。

3. 控制和保护装置

控制和保护装置的作用是控制电路的通断和保护电路的安全，如开关、继电器、熔断器等。

4. 导线

导线的作用是把电源和负载等元器件连接成闭合回路，传输和分配电能。

2.1.2 电路图及电器符号

图 2.1.3（a）中的实物图是由电源、小灯泡、开关和连接导线构成的一个简单的直流电路。图 2.1.3（b）是由元器件的图形符号构成的电路图。表 2.1.1 所示为常用元器件的标准图形符号。

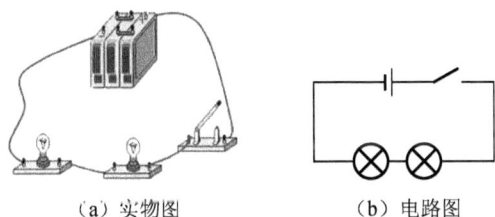

（a）实物图   （b）电路图

图 2.1.3   实物图和电路图的对比

议一议

1. 当开关闭合时灯泡的状态是怎样的？开关断开时灯泡的状态又是怎样的？
2. 什么是电路？

表 2.1.1   常用元器件的标准图形符号

图形符号	说明	图形符号	说明	图形符号	说明
	电阻器		二极管		开关
	电位器		灯		电流表
	可调电阻器		接地		电压表
	直流电动机		电容器		铁心线圈

图形符号	说明	图形符号	说明	图形符号	说明
	晶体管		极性电容器		磁心线圈
Ⓖ	直流发电机		交叉连接导线		蓄电池

2.2 电路的常用物理量

电路中有电流流过，必须有产生电流的电源，以及将电源与负载连接的导线或导体。电流在电路中是如何流动的呢？下面介绍电路中的几个基本物理量：电流、电位、电压与电动势、电能与电功率。

2.2.1 电流

电的情况与水相同。如图 2.2.1 所示，由于存在着 A 水位到 B 水位的水位差 $H_A - H_B$ 而产生水压，因此水从 A 槽流向 B 槽。同样的道理，A 点与 B 点存在电位差，那么电流就从 A 点沿导线按图的箭头方向流向 B 点。

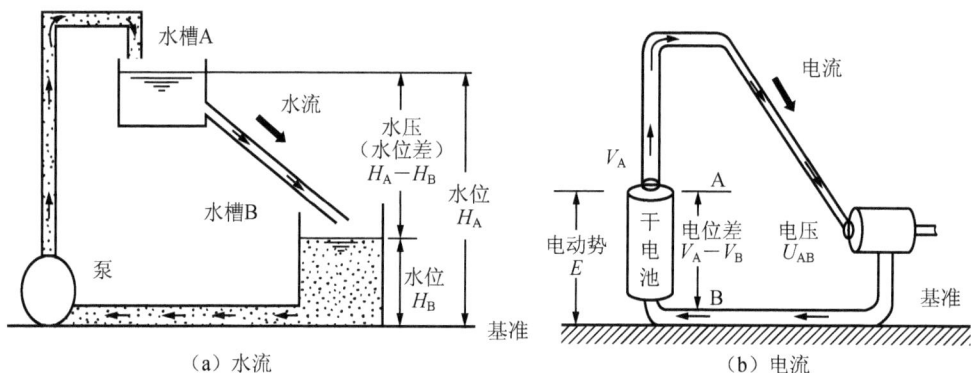

图 2.2.1 水流与电流、水位差与电位差、水压与电压及电动势的关系

电荷定向有规则的运动，称为电流。在导体中，电流是由各种不同的带电粒子在电场作用下做有规则的运动形成的。

电流的大小取决于在一定时间内通过导体横截面电荷量的多少，用电流强度来衡量。若在时间 t 内通过导体横截面的电量为 Q，则电流强度 I 就可以表示为

$$I=Q/t$$

如果在 1s（秒）内通过导体横截面的电荷量为 1C（库仑），则导体中的电流强度就是 1A（安培，简称安）。除安培外，常用的电流强度单位还有 kA（千安）、mA（毫安）和 μA（微安），它们之间的换算关系如下：

$$1kA＝1000A$$

$$1A＝1000mA$$

$$1mA＝1000\mu A$$

通常把电流强度也称为电流，因此电流不仅表示一种物理现象，也代表一个物理量。电流不仅有大小，而且有方向。习惯上规定正电荷移动的方向为电流方向。

2.2.2 电位、电压与电动势

下面将水路和电路做一个对比。在图 2.2.1 中水之所以从水槽 A 流向水槽 B，是因为存在着 A 的水位 H_A（m）与 B 的水位 H_B（m）之差 H_A-H_B（m）而产生的压力。所谓水位，是指水槽 A 或 B 中水的高度相对于作为基准的某一位置而言。电的情况与水相似，将某一点相对于某一基准点的"压力"称为电位。这里的某一基准点一般为大地、金属外壳或电源的负极，称为接地。

在图 2.2.1 中，设干电池的 A 点电位为 V_A，B 点电位为 V_B，由于在电位差 V_A-V_B 的所谓电的"压力"作用下，电路中有电流流过。该电位之差称为电位差或电压。表示电压的符号为 U，单位为伏特（V），即

$$U＝V_A-V_B$$

在图 2.2.1 中，为了使水能够从上面水槽不断流向下面水槽，必须用水泵提供能量将下面水槽的水送到上面水槽中。在图中，干电池起到上述泵的作用。干电池内的化学力具有持续供电的能力，保证电流不断流动。干电池等称为电源。这种电源内部的力称为电源力，电源力在单位时间内将正电荷从电源负极移送到正极，所做的功称为电动势。电动势的符号为 E，单位为 V。

电动势是产生和维持电路中电压的保证，一旦电动势耗尽，电路就失去电压，就不再有电流产生。小实验中，当换上已用过的干电池后，合上开关，灯泡不亮，就是这个道理。

2.2.3 电能与电功率

什么是电能？电功率是怎么产生的？"功是能量转化的量度"，你认为电流做功意味着怎样的能量转化？在日常生活中，人们每天都会使用电器，而所有的电器又会消耗电能，那么电功率又是怎么回事？

（1）电能

图 2.2.2 中有很多风车，这些风车是孩子们小时候玩的风车吗？它们是用来供观赏

的吗？不，实际上这些风车是用来发电的。那么风车发电又是一种怎样的能量转换呢？风车一天到底能发多少电呢？风力发电又有什么好处呢？大家一起来思考和讨论。

图 2.2.2　风力发电

电流能使电灯发光、电动机转动、电炉发热、电风扇转动等，这些都是电流做功的表现。在电场力的作用下，电荷定向运动形成的电流所做的功称为电能，用 W 表示。电流做功的过程就是将电能转换为其他形式能的过程。

如果加在导体两端的电压为 U，在时间 t 内通过导体横截面的电荷量为 q，根据电压定义式 $U=W/q$，可知电流所做的功，即电能为

$$W=Uq=UIt$$

这表明电流在一段电路上所做的功，与这段电路两端的电压、电路中的电流和通电时间成正比。

对于纯电阻电路，欧姆定律成立，即 $U=IR$，$I=U/R$，代入上式得

$$W=U^2t/R=I^2Rt$$

每个家庭都要用电，不同家庭用电量的多少不同。经常听到人们说，上个月家里用了多少"度"电，可以看图 2.2.3 所示的电能表来读出当月所用的电量。这里所说的"度"，就是电能的单位，即千瓦时（kW·h）。在物理学中，更常用的能量单位是焦耳，简称焦（J）。1kW·h 比 1J 大得多，它们之间的换算关系如下：

$$1 度（电）=1kW·h=1000W×3600s=3.6×10^6J$$

（2）电功率

为了表征电流做功的快慢程度，引入了电功率这一物理量。电流在单位时间内所做的功称为电功率，用字母 P 表示，单位为瓦（W），其计算式为

$$P=W/t=Ut$$

对于纯电阻电路，上式还可以写为

$$P=I^2R=U^2/R$$

电器设备安全工作时所允许的最大电流、最大电压和最大功率分别称为额定电流、额定电压和额定功率。一般元器件和设备的额定值都标在其明显位置，如灯泡上标有"220-40"（图 2.2.4），电阻上标有"10Ω/2W"等。

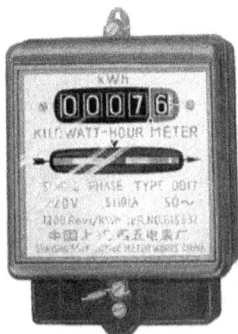

图 2.2.3　电能表

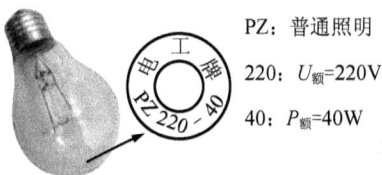

PZ：普通照明
220：$U_{额}$=220V
40：$P_{额}$=40W

图 2.2.4　电功率的表征

议 一 议

1. 你能说出千瓦和千瓦时的区别吗？
千瓦是_____的单位，千瓦时是_____的单位。
2. 你能说出电功率和电能的区别吗？
电功率表示用电器消耗电能的_____，电能表示用电器消耗电能的_____。

2.3

实践活动：万用表的认识与使用

1. 实训目的

1）认识万用表的结构。
2）会使用万用表测直流电压和直流电流。

2. 实训器材

万用表、干电池、导线、开关、小灯泡等。

3. 实训内容及步骤

第1步 认识万用表

常用的万用表有指针式和数字式两种。指针式万用表的面板主要由刻度盘和操作面板两部分组成，操作面板上有机械调零螺钉、电阻调零旋钮、量程选择开关、表笔插孔等，如图 2.3.1 所示。

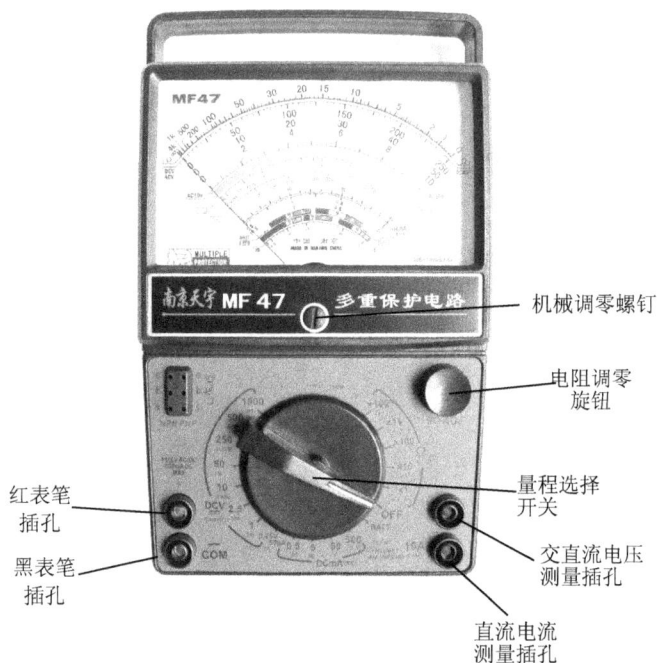

图 2.3.1　MF47 型万用表

第2步 万用表使用前的准备

教师演示，学生学习并做好记录。

01 将万用表水平放置。

02 检查指针。检查万用表指针是否停在表盘左端的"零"位。如不在"零"位，用小螺丝刀轻轻转动表头上的机械调零螺钉，使指针指在"零"位，如图 2.3.2 所示。

03 插好表笔。将红、黑两支表笔分别插入表笔插孔。

04 检查电池。将量程选择开关旋到电阻 $R \times 1$ 挡，将红、黑表笔短接，如图 2.3.3 所示。如进行"电阻调零"后万用表指针仍不能转到刻度线右端的零位，说明电压不足，需要更换电池。

05 选择挡位和量程。将量程选择开关旋到相应的挡位和量程上。禁止在通电测量状态下转换量程选择开关，以免可能产生的电弧作用损坏开关触点。

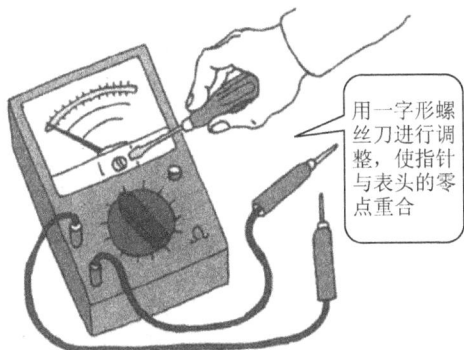

用一字形螺丝刀进行调整，使指针与表头的零点重合

图 2.3.2 机械调零

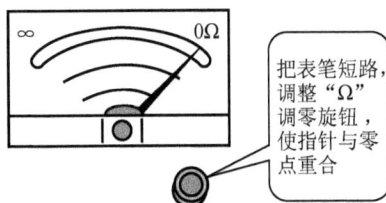

把表笔短路，调整"Ω"调零旋钮，使指针与零点重合

图 2.3.3 电阻调零

第 3 步 测量直流电压

教师演示，学生学习并做好记录。

01 选择量程。万用表直流电压挡标有"V"，有 2.5V、10V、50V、250V 和 500V 等不同量程。应根据被测电压的大小，选择适当量程。若不知电压大小，应先用最高电压挡测量，逐渐换至适当电压挡。

02 正确测量。将万用表并联在被测电路的两端。测量直流电压时，红表笔接被测电路的正极或高电位点，黑表笔接被测电路的负极或低电位点，如图 2.3.4 所示。

03 正确读数。仔细观察标度盘，找到对应的刻度线读出被测电压值。注意，读数时视线应正对指针。

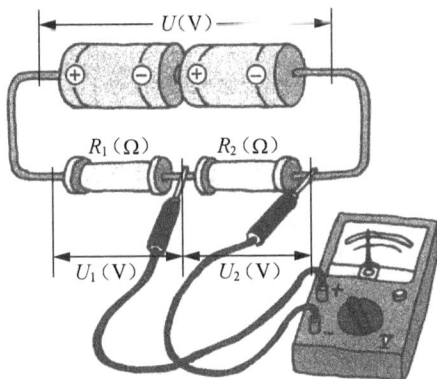

图 2.3.4 万用表测量直流电压

第 4 步 测量直流电流

教师演示，学生学习并做好记录。

01 选择量程。万用表电流挡标有"mA"，有 1mA、10mA、100mA、500mA 等不同量程。根据被测电流的大小，选择适当量程。若不知电流大小，应先用最大电流挡

测量，逐渐换至适当电流挡。

02 正确测量。将万用表与被测电路串联。将电路相应部分断开后，将万用表表笔接在断点的两端。如是直流电流，红表笔接在与电路的正极相连的断点，黑表笔接在与电路的负极相连的断点，如图 2.3.5 所示。

03 正确读数。仔细观察标度盘，找到对应的刻度线，读出被测电流值。注意，读数时视线应正对指针。

第 5 步 学生分组进行测量直流电压、电流的练习

学生四人一组，分组演示，教师进行巡回指导。

01 连接电路，测试直流电压，并做好测量记录。

① 将干电池、小灯泡、导线、开关和电压表按图 2.3.6（a）所示连接，图 2.3.6（b）所示为其原理图。

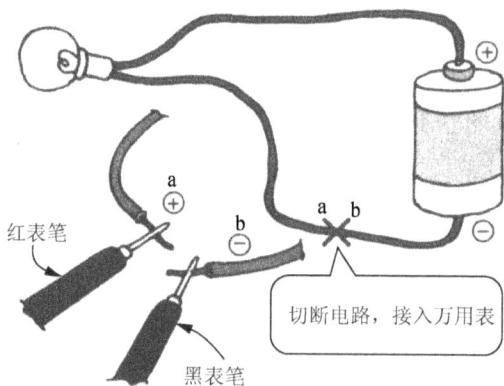

图 2.3.5 万用表测量直流电流

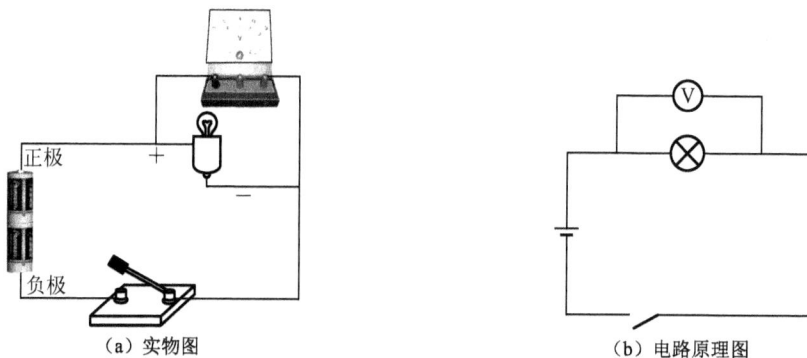

图 2.3.6 测量直流电压电路

② 测量直流电压。合上开关 S，测量小灯泡两端电压，将测量结果填入表 2.3.1 中，再重复测量两次。

表 2.3.1　直流电压测量结果

测量项目	直流电压表量程	测量对象	测量数据			测量结果（平均值）
			第 1 次	第 2 次	第 3 次	
直流电压						

02 连接电路，测试直流电流，并做好测量记录。

① 接电路。将干电池、小灯泡、导线、开关和电流表按图 2.3.7（a）所示连接，图 2.3.7（b）所示为其原理图。

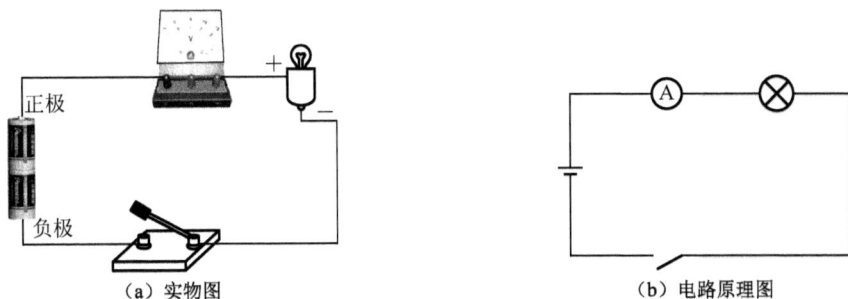

（a）实物图　　　　　　　　（b）电路原理图

图 2.3.7　测量直流电流电路

② 测量直流电流。合上开关 S，测量通过小灯泡的电流，将测量结果填入表 2.3.2 中，再重复测量两次。

表 2.3.2　直流电流测量结果

测量项目	直流电流表量程	测量对象	测量数据			测量结果（平均值）
			第 1 次	第 2 次	第 3 次	
直流电流						

2.4 电阻元件

2.4.1　认识电阻器

1. 电阻基础知识

1）概念：在电路中对电流有阻碍作用，并且造成能量消耗的部分称为电阻。

电阻利用它自身消耗电能的特性，在电路中主要起分压、限流等作用。

2）文字符号：*R*。

3）图形符号：—▭—。

4）常用单位：Ω（欧）、kΩ（千欧）、MΩ（兆欧）。其换算关系如下：

$$1M\Omega = 1000k\Omega$$

$$1k\Omega = 1000\Omega$$

5）计算公式：

$$R = U/I（电阻＝电压/电流）$$

2. 常用电阻器的识别

常用的电阻器介绍如下：

（1）碳膜电阻器

碳膜电阻器（图2.4.1）采用高温真空镀膜技术将碳紧密附在瓷棒表面形成碳膜，并在其表面涂上环氧树脂密封保护而成。碳膜的厚度决定阻值的大小。

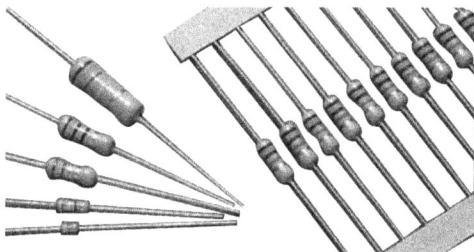

图 2.4.1　碳膜电阻器

（2）金属膜电阻器

金属膜电阻器（图2.4.2）采用真空蒸发工艺制成，即在真空中加热合金，合金蒸发，使瓷棒表面形成一层导电金属膜。金属膜厚度决定阻值大小。

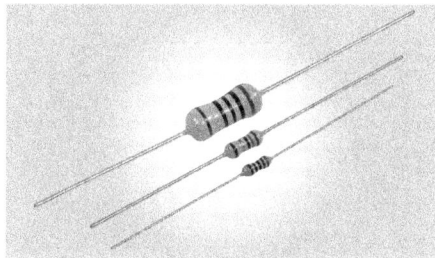

图 2.4.2　金属膜电阻器

（3）贴片电阻器

贴片电阻器（图2.4.3）一般用3位数字表示其电阻值，基本单位是Ω。元件表面通常为黑色，两边为白色。

（4）热敏电阻器

热敏电阻器（图 2.4.4）由半导体陶瓷材料组成，是一种对温度极为敏感的电阻器，分为正温度系数和负温度系数两种，其阻值随温度变化而变化。

图 2.4.3　贴片电阻器

（5）光敏电阻器

光敏电阻器（图 2.4.5）又称光导管，其阻值随着周围环境光照强度的变化而变化。光敏电阻器对光的敏感性与人眼对可见光的响应很接近，只要人眼可感受的光都会引起其阻值变化。

图 2.4.4　热敏电阻器

图 2.4.5　光敏电阻器

（6）可调电阻器

可调电阻器（图 2.4.6）通常有三个或更多的引脚，其中有一个可调螺钉，用于调节阻值。

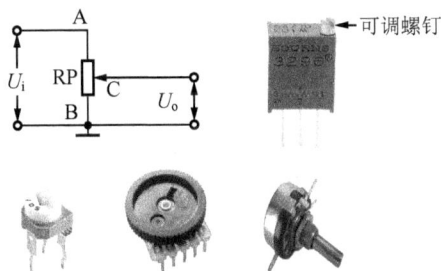

图 2.4.6　可调电阻器

2.4.2　电阻率

1. 定义

电阻率（resistivity）是用来表示各种物质电阻特性的物理量。某种材料制成的长 1m，横截面积为 $1mm^2$ 的导线在常温下（20℃时）的电阻，称为这种材料的电阻率。国际单位制中，电阻率的单位是欧·米（$\Omega \cdot m$），常用单位是欧·毫米（$\Omega \cdot mm$）。

2. 计算公式

电阻率的计算公式为

$$\rho = RS/l$$

式中：ρ——电阻率，$\Omega \cdot m$；

　　　S——横截面积，m^2；

　　　R——电阻，Ω；

　　　l——导线的长度，m。

2.4.3 色环电阻器的识读

1. 电阻值的标示方法

电阻值的标示方法通常有四种。

1）直标法：表面印有电阻值及误差，如"2.2kΩ±5%"。

2）数字字符法：用数字和字母表示阻值及误差，如"2.2K J"、"2K2 J"。

3）色环表示法：表面有色环（有四色环和五色环），用色环表示阻值及误差，便于检查与维修。

4）数码法：用 3 位或 4 位数字表示，如"151"表示 150Ω，前两位表示有效数字，第三位表示有效数字后面 0 的个数。若为 4 位数，则前 3 位表示有效数字，第四位表示有效数字后面 0 的个数。

2. 色环电阻器的识别

（1）识别顺序

色环电阻器是应用于各种电子设备的最多的电阻器类型，无论怎样安装，维修者都能方便地读出其阻值，便于检测和更换。但在实践中发现，有些色环电阻器的排列顺序不甚分明，往往容易读错，在识别时，可运用如下技巧加以判断。

技巧 1：先找标志误差的色环，从而排定色环顺序。常用的表示电阻误差的颜色有金、银、棕，尤其是金环和银环一般很少为电阻色环的第一环，所以在电阻上只要有金环和银环，就可以基本认定这是色环电阻的最末一环。

技巧 2：棕色环是否是误差标志的判别。棕色环常用作误差环，又常作为有效数字环，且常常在第一环和最末一环中同时出现，使人很难识别哪一环是第一环。在实践中，可以按照色环之间的间隔加以判别。例如，对于一个五道色环的电阻而言，第五环和第四环之间的间隔比第一环和第二环之间的间隔要宽一些，据此可判定色环的排列顺序。

技巧 3：在仅靠色环间距还无法判定色环顺序的情况下，还可以利用电阻的生产序列值来加以判别。例如，有一个电阻的色环读序是棕、黑、黑、黄、棕，其值为 $100 \times 10^4 \Omega = 1M\Omega$，误差为 1%，属于正常的电阻系列值。若是反顺序读：棕、黄、黑、黑、棕，其值为 $140 \times 10^0 \Omega = 140 \Omega$，误差为 1%。显然，按照后一种排序所读出的电阻值在电阻的生产系列中是没有的，故后一种色环顺序是不对的。

（2）识别大小

不同色环代表的数值如表 2.4.1 所示。

表 2.4.1　不同色环代表的数值

颜色	银	金	黑	棕	红	橙	黄	绿	兰	紫	灰	白	无
有效数字	—	—	0	1	2	3	4	5	6	7	8	9	—
数量级	10^{-2}	10^{-1}	10^0	10^1	10^2	10^3	10^4	10^5	10^6	10^7	10^8	10^9	—
允许偏差 /%	±10	±5	—	±1	±2	—	—	±0.5	±0.25	±0.1	—	+50 −20	±20

四色环电阻器：第一色环是十位数，第二色环是个位数，第三色环是有效数字的倍率，第四色环是误差率。

【例 2.4.1】四色环电阻器的色环顺序为棕、红、红、金，求其阻值。

解：其阻值为 $12 \times 10^2 \Omega = 1.2 k\Omega$，误差为 ±5%。

误差表示电阻值在标准值 1200Ω 上下波动（5%×1200Ω），即在 1140～1260Ω 之间都是好的电阻。

五色环电阻器：第一色环是百位数，第二色环是十位数，第三色环是个位数，第四色环是有效数字的倍率，第五色环是误差率。

【例 2.4.2】五色环电阻器的色环顺序为红、红、黑、棕、金，求其阻值。

解：最后一环为误差，前三环数值乘以第四环的有效数字倍率，其阻值为 $220 \times 10^1 \Omega = 2.2 k\Omega$，误差为 ±5%。

2.5 实践活动：用万用表测量电阻

1. 实训目的

1）熟悉万用表的功能。
2）会使用万用表测量各种电阻器的阻值。

2. 实训器材

万用表、各种电阻器。

3. 实训内容及步骤

第 1 步 机械调零

进行机械调零，使表针指向左面"0"刻度位置，如图 2.5.1 所示。

第 2 步 选择挡位

把万用表指针打到欧姆挡（Ω）挡位，选择测量电阻的挡位，如图 2.5.2 所示。

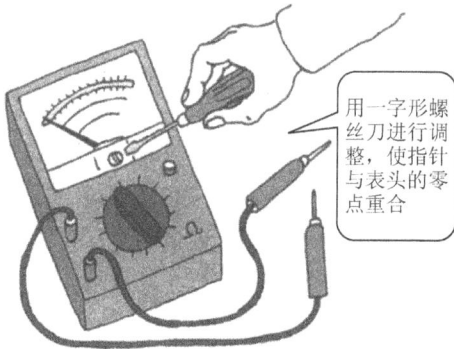

用一字形螺丝刀进行调整，使指针与表头的零点重合

图 2.5.1 机械调零

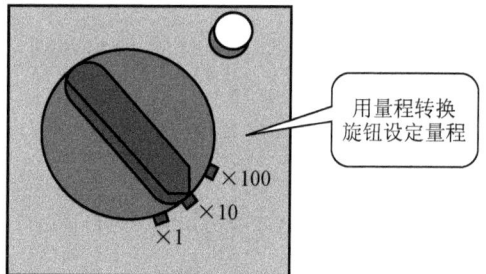

用量程转换旋钮设定量程

×100
×10
×1

图 2.5.2 测电阻时万用表的挡位

第 3 步 欧姆调零

将两支表笔短接，调节欧姆调零旋钮，使指针指向右边"0"刻度处，如图 2.5.3 所示。

第 4 步 测量电阻

将两支表笔接到电阻器的两端，如图 2.5.4 所示。

把表笔短路，调整"Ω"调零旋钮，使指针与零点重合

图 2.5.3 电阻调零

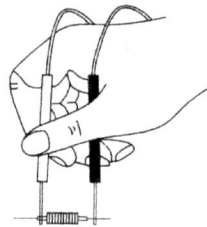

图 2.5.4 万用表直接测电阻

第 5 步 测量读数

01 读出万用表指针所示的数值，此时电阻值＝挡位×读数。例如，挡位是 100Ω，

读数是 30，那就是 3kΩ。这种方法不能测量电源电阻。将测量结果填入表 2.5.1 中。

02　用读色环的方法，重复测量一次。

表 2.5.1　电阻测量结果

测量项目	万用表欧姆挡量程	测量对象	测量数据		测量结果（误差）
			万用表测数据	色环读数法测数据	
电阻器阻值					

2.6

欧姆定律

2.6.1　部分电路欧姆定律

我们在学习探究电阻的时候，知道电阻上的电流跟两端电压的关系：在电阻一定时，电流与电压成正比；在电压一定时，电流与电阻成反比。把以上两条结论综合起来就得出了欧姆定律。

在不含电源的电路中，电流与电路两端的电压成正比，与电路的电阻成反比，其数学表达式为

$$U=IR$$

式中：U——电压，V；

I——电流，A；

R——电阻，Ω。

上式就是部分电路欧姆定律，是电路计算的基本定律之一。利用这个关系式，在电压、电流及电阻三个量中，只要知道两个量的值，就可求出第三个量的值。

部分电路欧姆定律中电阻的阻值是常量，不随电流、电压的变化而变化，这种电阻称为线性电阻，这种电阻组成的电路称为线性电路。

在电阻材料中，还有一类电阻的阻值不是常量，会随着加在它两端的电压和通过它的电流的变化而变化，这类电阻称为非线性电阻，由它组成的电路称为非线性电路。

【例2.6.1】 验电笔中的电阻为 880kΩ，则测试家用电器时，通过的电流是多少？

已知：$U=220V$，$R=880kΩ=880×1000Ω=880\ 000Ω$，电路如图 2.6.1 所示。

求：电流 I。

解： 根据欧姆定律可得

$$I=U/R=220V/880\ 000Ω=0.00\ 025A$$

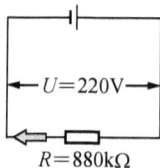

图 2.6.1 例图

2.6.2 全电路欧姆定律

部分电路欧姆定律是不考虑电源的，而大量的电路都含有电源，这种含有电源的直流电路称为全电路。对全电路的计算，需要用全电路欧姆定律来解决。全电路欧姆定律为：在全电路中，电流与电源电动势成正比，与电路的总电阻（外电路电阻和电源内阻之和）成反比，其数学表达式为

$$I=E/(R+r)$$

根据全电路欧姆定律，可以分析电路的三种情况。

1）通路：在 $I=E/(R+r)$ 中，E、R、r 数值为确定值，电流也为确定值，电路工作正常。

2）短路：当外电路 $R=0$ 时，由于电源内阻 r 很小，则 $I=E/r$，电流趋于无穷大，将烧坏电源和用电器，严重时造成火灾，使用中应该尽量避免。为避免短路造成的严重后果，电路中专门设置了保护装置。

3）断路（开路）：此时 R 趋近于无穷大，有 $I=E/(R+r)=0$，即电路不通，不能正常工作。

图 2.6.2 所示电路中有电流通过时，外电路电流由正极流向负极，内电路电流由负极流向正极，此时，不但外电阻上有电压，在内电阻上也有电压。

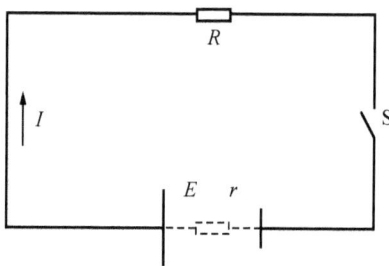

图 2.6.2 全电路（一）

$U_外=IR$ 称为外电压，也称为端电压。

$U_内=Ir$ 称为内电压。

$E=U_外+U_内=IR+Ir$，即电动势等于内外电路电压之和。

【例 2.6.2】 如图 2.6.3 所示电路，电源电动势为 1.5V，内阻为 0.12Ω，外电路的电阻为 1.38Ω，求电路中的电流和端电压。

分析：由题目给出的已知条件，电源电动势 E、内电阻 r 和外电阻 R 均已知，利用全电路欧姆定律可求出电路中的电流，利用公式 $U=IR$ 或 $U=E-Ir$ 可求出端电压。

解： 由全电路欧姆定律可得

$$电流\ I=E/(R+r)$$
$$=1.5/(1.38+0.12)A$$
$$=1A$$
$$端电压\ U=IR$$
$$=1A\times1.38Ω$$
$$=1.38V$$

或

$$U=E-Ir$$
$$=1.5V-1A\times0.12Ω$$
$$=1.38V$$

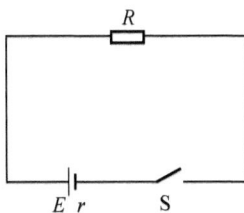

图 2.6.3　全电路（二）

2.7

电阻的串联、并联及混联

议一议

如果收音机不响了，检查后发现有一个 10Ω 的电阻烧坏了，需要更换。若只有几个 5Ω 的电阻，能否把它们组合起来，使组合的电阻相当于一个 10Ω 的电阻呢？反之，如果需要的是 5Ω 的电阻，但是又只有几个 10Ω 的电阻，能否把它们组合起来，使组合的电阻相当于一个 5Ω 的电阻呢？

2.7.1　电阻的串联

1. 电阻串联电路和特点

图 2.7.1 所示为串联的冰糖葫芦。冰糖葫芦是一个一个依次穿成一串一串的，类似的，电阻的串联也是把多个电阻顺次连接。

图 2.7.1　串联的冰糖葫芦

做一做

大家动手连接图 2.7.2（a）所示的简单串联电路，并画出电路图。

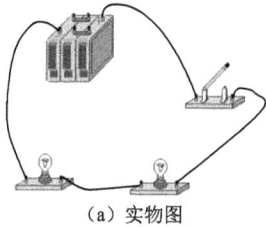

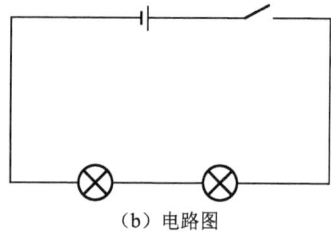

（a）实物图　　　　　　　　　　（b）电路图

图 2.7.2　串联电路

根据以上实验归纳电阻串联电路的特点如下：

$$\begin{cases} I=I_1=I_2=\cdots=I_n \\ U=U_1+U_2+\cdots+U_n \\ R=R_1+R_2+\cdots+R_n \end{cases}$$

2. 电阻串联电路的应用

在实际工作中，电阻串联电路有如下应用：

1）用若干电阻串联以获得较大的电阻。

2）采用若干电阻串联构成分压器，使同一电源能供给几种不同数值的电压。

3）当负载额定电压低于电源电压时，可用串联电阻的方法满足负载接入电源。

4）利用串联电阻的办法来限制和调节电路中电流的大小。

5）利用串联电阻的方法来扩大电压表的量程。

2.7.2 电阻的并联

1. 电阻并联电路的特点

做一做

大家动手连接图 2.7.3（a）所示的简单并联电路，并画出电路图。

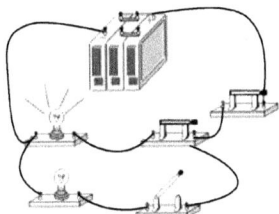

（a）实物图

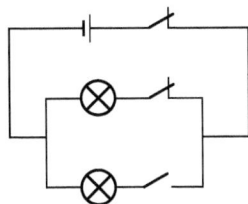

（b）电路图

图 2.7.3　并联电路

根据以上实验归纳电阻并联电路的特点如下：

$$\begin{cases} I=I_1=I_2=\cdots=I_n \\ U=U_1=U_2=\cdots=U_n \\ 1/R=1/R_1+1/R_2+\cdots+1/R_n \end{cases}$$

2. 电阻并联电路的应用

在实际工作中，电阻并联电路有如下应用：

1）凡是额定工作电压相同的负载都采用并联工作方式。这样各个负载都是一个独立可控制的回路，任一负载的正常起动或关断都不影响其他负载，如工厂中的电动机、电炉及各种照明灯具均并联工作。

2）用并联电阻以获得较小的电阻。

3）用并联电阻的方法来扩大电流表的量程。

2.7.3 电阻的混联

既有电阻串联，又有电阻并联的电路称为电阻的混联电路，图 2.7.4 所示就是一个电阻混联电路。混联电路的串联部分具有串联电路的性质，并联部分具有并联电路的性质。

电阻混联电路的分析、计算方法如下：

1）画等效电路的简图，计算等效电阻。把电阻的混联电路分解为若干个串联和并联关系的电路，在电路中各个电阻的连接点上标注不同的字母，再根据电阻串并联的关系逐步一一简化、计算，然后画等效电路简图及计算等效电阻值。

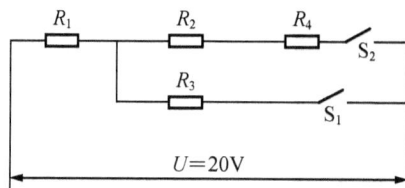

图 2.7.4　电阻混联电路

2）计算方法。利用已经化简的等效电路图，根据欧姆定律可容易地计算出电路的总电阻、总电流、各支路电流、各电阻的端电压等。

【例 2.7.1】已知图 2.7.4 中，电源电压为 20V，$R_1 = 5\Omega$，$R_2 = 10\Omega$，$R_3 = 5\Omega$，$R_4 = 10\Omega$，试求开关 S_1 和 S_2 同时闭合时的等效电阻为多少？

解： 通过识图，可知当开关 S_2 闭合时，R_2 和 R_4 是串联的；S_1 闭合时，R_2 和 R_4 串联后的等效电阻与 R_3 并联，最后 R_2 和 R_4 串联等效的电阻与 R_3 并联后的等效电阻再与 R_1 串联，就得到了整个电路的等效电阻。

所以电路的等效电阻为

$$[(R_2+R_4)//R_3]+R_1$$
$$=[(10\Omega+10\Omega)//5\Omega]+5\Omega$$
$$=[20\Omega//5\Omega]+5\Omega$$
$$=9\Omega$$

2.8

用万用表检测电阻性故障

1. 通路测试

如图 2.8.1 所示，开关 S 接通 1 时，电路处于通路状态，电路中的电流为

$$I=E/(R+r)$$

端电压与输出电流的关系为

$$IR=E-U_内=E-Ir$$

上式表明，当电源具有一定值的内阻时，端电压总是小于电源电动势，当电源电动势和内阻一定时，端电压随输出电流的增大而下降。这种端电压随输出电流的变化关系，称为电源的外特性。

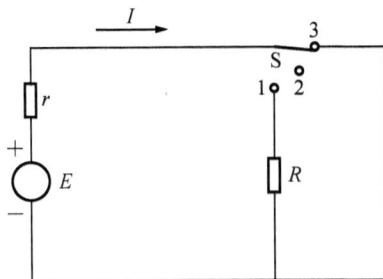

图 2.8.1 电路的不同状态

通常人们把能通过大电流的负载称为大负载（导线粗、电阻小），而把只允许通过小电流的负载称为小负载（导线细、电阻大）。

2. "断路故障" 电路测试

在图 2.8.1 中，开关接通 2 时，在断路状态下，负载电阻趋近于无穷大，所以电路中的电流 $I=0$，内阻压降 $U_内=Ir=0$，$U_外=E-Ir$，即电源电压等于电源电动势。电路断路也称电源空载。

3. "短路故障" 电路测试

在图 2.8.1 中，开关接通 3 时，电源被短路。电路中流过的短路电流 $I_短=E/r$，由于电源内阻一般都很小，因此 $I_短$ 极大。此时，电源对外输出电压 $U_外=E-I_短r=0$。

在实际工作中，电源输电线的绝缘破损使两根电源线相碰而发生短路，由于短路电流会导致电源和导线过热烧毁，引起火灾，因此，短路是严重的故障状态，必须严格禁止，避免发生。在电路中常常串接保护电器，如熔断器等，一旦电路发生短路故障，自动切断电路，起到安全保护作用。

做一做

检查电阻性电路故障的一般方法如下：

1. 用电压表（或万用表电压挡）检查故障。首先检查电源电压是否正常，如果电源电压是正常的，再逐步测量电位或逐段测量电压降，查出故障的位置和原因。

2. 用电阻表（或万用表电阻挡）检查故障。首先切断线路的电源，用万用表电阻挡测量电阻的方法检查各元器件引线及导线连接点是否断开，电路有无短路。如遇复杂电路，可以断开一部分电路后再分别进行检查。

3. 用电流表（或万用表的电流挡）检查故障。可用电流表测支路中有无电流来判断该支路是否发生了断路。

2.9

基尔霍夫定律及其应用

我们都知道含有一个电源的串联电路，其电流、电压、电阻等可以用欧姆定律进行计算。但是，当含有两个或两个以上电源的电路或者电阻特殊连接构成电路时，仅仅用欧姆定律进行计算就不行了，该如何解决这个问题呢？比较方便的是采用将欧姆定律加以发展的基尔霍夫定律来解决问题。

2.9.1 基尔霍夫第一定律——节点电流定律

基尔霍夫第一定律是用来分析电路中某一点上各支路间的电流关系的，故又称为基尔霍夫电流定律（KCL）。

关于复杂电路的几个术语：

1）支路（branch）：由一个或几个元器件首尾相接构成的无分支电路。

2）节点（node）：三条或三条以上的汇交点，如图 2.9.1 中的 A 点。

3）回路（loop）：任意的闭合电路，如图 2.9.2 所示。

4）网孔（mesh）：简单的不可再分的回路。

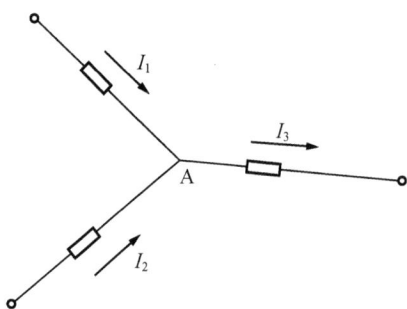

图 2.9.1 节点

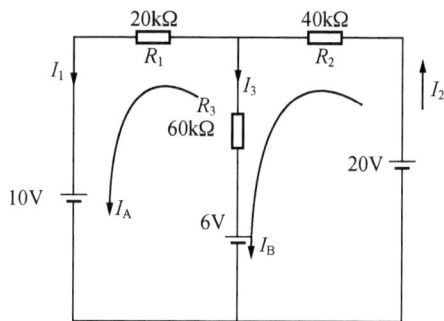

图 2.9.2 回路

基尔霍夫电流定律内容如下：

1）电路中任意一个节点上，流入节点的电流之和等于流出节点的电流之和，即

$$\sum I_{入}=\sum I_{出}$$

2）在任一电路的任一节点上，电流的代数和永远等于零，即

$$\sum I=0$$

【例 2.9.1】如图 2.9.3 所示，已知 $I_1 = 25\text{mA}$，$I_3 = 16\text{mA}$，$I_4 = 12\text{mA}$，试求其余各电阻中的电流。

解：先任意标定未知电流 I_2、I_5、I_6 的参考方向，如图 2.9.3 所示。应用基尔霍夫电流定律列出电流方程式：

a 点：$I_1 = I_2 + I_3$

b 点：$I_2 = I_5 + I_6$

c 点：$I_4 = I_3 + I_6$

代入数值，解得

$$\begin{cases} I_2 = 9\text{mA} \\ I_5 = 13\text{mA} \\ I_6 = -4\text{mA} \end{cases}$$

其中，I_6 的值是负值，表示 I_6 的实际方向与图中的参考方向相反。

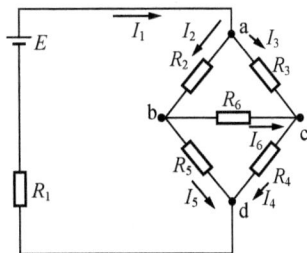

图 2.9.3　例图

2.9.2　基尔霍夫第二定律——节点电压定律

基尔霍夫第二定律（基尔霍夫电压定律 KVL）用来分析任一回路内各段电压之间的关系。

1）在任意一个回路中，所有的电压降的代数和为零，即

$$\sum U = 0$$

2）在任意一个闭合回路中，各段电阻上的电压降的代数和等于各电源电动势的代数和，即

$$\sum IR = \sum E$$

如图 2.9.4 所示，以 A 点为起点（回路绕行方向以顺时针为例）列 KVL 方程：

$$I_1 R_1 + E_1 - I_2 R_2 - E_2 + I_3 R_3 = 0$$

或

$$I_1 R_1 - I_2 R_2 + I_3 R_3 = -E_1 + E_2$$

回路绕行方向可以任意选择。注意两个方程中 E 的正、负取值。

【例 2.9.2】如图 2.9.5 所示，已知电源电动势 $E_1 = 42\text{V}$，$E_2 = 21\text{V}$。电阻 $R_1 = 12\Omega$，$R_2 = 3\Omega$，$R_3 = 6\Omega$，求各电阻中的电流。

解：1）设各支路电流方向、回路绕行方向如图 2.9.5 所示。

2）列出节点电流方程式：

$$I_1 = I_2 + I_3 \qquad ①$$

3）列出回路电压方程式：

$$-E_2 + I_2 R_2 - E_1 + I_1 R_1 = 0 \qquad ②$$

$$I_3 R_3 - I_2 R_2 + E_2 = 0 \qquad ③$$

4）联立方程式①～③，代入已知数解方程，得各支路的电流

$$I_1=4A$$

$$I_2=5A$$

$$I_3=-1A$$

5）确定每个直流电流的实际方向。

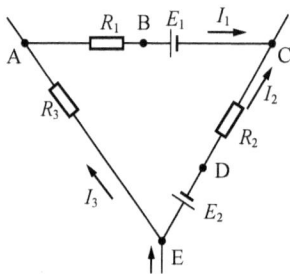

图 2.9.4　回路

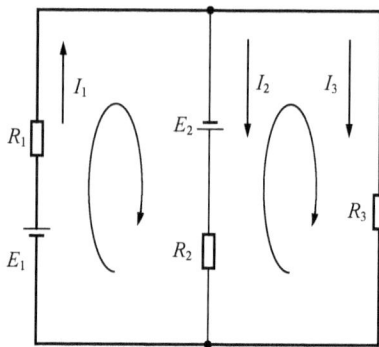

图 2.9.5　例图

◄◄◄◄◄ 单 元 检 测 ►►►►►

一、填空题

1．在直流电路中电流的方向规定由_____指向_____，电压的方向由_____指向_____，电动势的方向由_____指向_____。

2．测量电流时，电流表应该_____联于电路中，且要求正端接电路的_____电位端，负端接电路的_____电位端。

3．在串联电路中，各个电阻上的电压关系为_____，电路中的总功率与各个电阻所消耗功率的关系为_____。

4．在电路开路时，端电压等于_____。

5．电路通常有_____、_____和_____三种状态。

6．电荷的_____移动形成电路。它的大小是指单位_____内通过导体截面积的_____。

7．某礼堂有 40 盏白炽灯，每盏灯的功率为 100W，全部灯点亮 2h，则消耗的电能为_____kW·h。

二、选择题

1．通过一个电阻的电流为 5A，经过 4min，通过该电阻的电荷量是（　　　）。

A．20C　　　　　B．50C　　　　　C．1200C　　　　　D．2000C

2．若一导体两端电压为 100V，通过导体的电流为 2A；当两端电压降为 50V 时，导体的电阻应为（   ）。

    A．100Ω   B．25Ω   C．50Ω   D．0Ω

3．通常电工术语"负载大小"是指（   ）的大小。

    A．等效电阻   B．实际电功率   C．实际电压   D．负载电流

4．要扩大电压表的量程，应该自表头线圈上（   ）。

    A．并联电阻   B．串联电阻   C．混联电阻   D．串入整流管

5．在全电路上，下列说法正确的是（   ）。

    A．外电路电压与电源内电压相等   B．开路时外电压等于电源电动势

    C．开路时外电压等于零   D．外电路短路时电源内电压等于零

6．将一个 220V/40W 的白炽灯与一个 220V/100W 的白炽灯串联后接于 380V 电路中，它的发光亮度为（   ）。

    A．100W 的比 40W 的亮   B．40W 比 100W 的亮

    C．两个一样亮   D．都不对

三、简答题

1．电路通常有哪三种状态？哪些状态应该尽量避免？为什么？

2．电压、电位与电动势有何异同点？

3．色环电阻器阻值如何读取？

4．如何扩大电流表的量程？

四、计算分析题

1．若有一根导线，每小时通过其横截面的电荷量为 900C，那么通过导线的电流为多少？

2．有一个电阻，两端加上 50mV 的电压时，电流为 10mA；当两端的电压为 10V 时，电流为多少？

3．一个 1kW、220V 的电炉，正常工作时电流为多少？如果不考虑温度对电阻的影响，把它接在 110V 的电压上，它的功率将是多少？

3 单元

电容与电感

>>>>>

◎ **知识目标**

- 了解电容的概念，以及电容器的外形、种类及主要技术参数；了解电容器充放电的规律；理解电容器充放电的特点。
- 理解磁场的概念，了解磁场基本物理量及其应用，掌握右手螺旋定则和左手定则。
- 理解电磁感应现象，掌握电磁感应定律及右手定则。
- 了解电感的概念，以及电感器的外形、参数及选用规则；了解自感和互感的概念，以及互感在工程上的运用。

◎ **能力目标**

- 能用万用表判断电解电容器的极性和质量好坏，能利用电容器的串并联获得所需的电容量。
- 能判断截流直导体、通电线圈的磁场方向，会判断通电导体在磁场中的受力方向。
- 会判断感应电动势和感应电流的方向。
- 会判断电感元件的质量好坏。

3.1

电容器与电容量

电容器在电力系统中用于提高供电系统的功率因数，在电子技术中常用来滤波、耦合、旁路、调谐、选频等。因此了解电容器的结构、外形、种类及其主要技术参数是非常必要的。

看一看

图 3.1.1 所示是计算机主板的局部电路板，你能找出其中的电容器吗？

图 3.1.1　计算机主板的局部电路板

由这块电路板可以看出，电容器与电阻器一样，都是组成电子电路的主要元件。

3.1.1　认识电容器

一般外形为圆柱体的为电解电容器，外形为扁圆形的为陶瓷电容器，等等。

1. 电容器的结构

如图 3.1.2 所示，由两个彼此绝缘的导体引出两个电极所构成的元件为电容器。两个导体称为极板，从两个导体上引出的导线称为电极，两个导体之间的绝缘物质又称电介质。电容器的文字符号为 C，图形符号如表 3.1.1 所示。

（a）   （b）

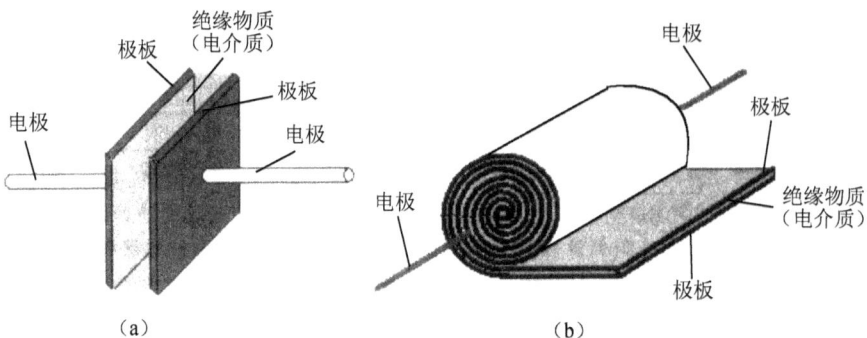

图 3.1.2　电容器的结构

表 3.1.1　电容器的图形符号

名称	电容器	极性电容器	预调电容器	可调电容器	双连可变电容器
图形符号					

2. 电容器的分类

电容器按其结构可分为固定电容器、可变电容器和微调电容器三种。

（1）固定电容器

电容量固定不可调节的电容器称为固定电容器。固定电容器按介质材料可分为纸介电容器、云母电容器、玻璃釉电容器、电解电容器、陶瓷电容器、涤纶电容器及金属膜电容器等，如图 3.1.3 所示。

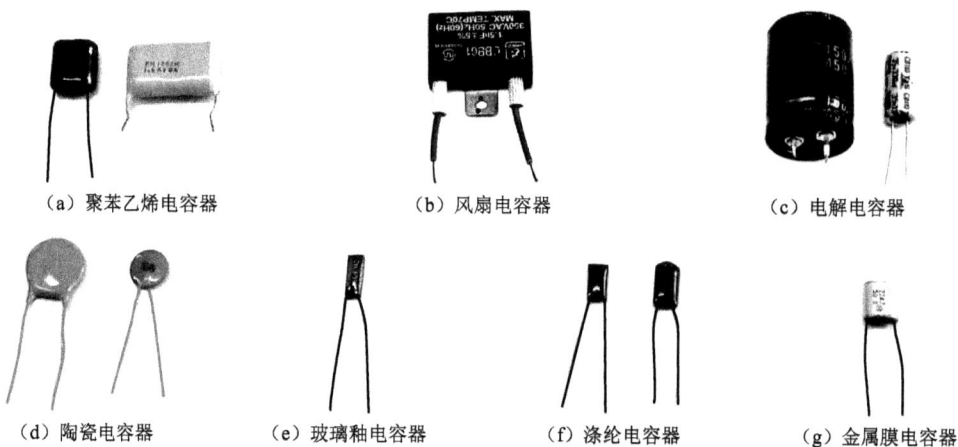

（a）聚苯乙烯电容器　　　　（b）风扇电容器　　　　（c）电解电容器

（d）陶瓷电容器　　（e）玻璃釉电容器　　（f）涤纶电容器　　（g）金属膜电容器

图 3.1.3　常见的固定电容器

（2）可变电容器

由很多半圆形动片和定片组成平行板式结构，其电容量能在较大范围内调节的电容器称为可变电容器。常用的可变电容器有空气可变电容器和密封双联可变电容器，如图 3.1.4 所示。它们一般用作调谐元件，常用于收音机调谐电路。

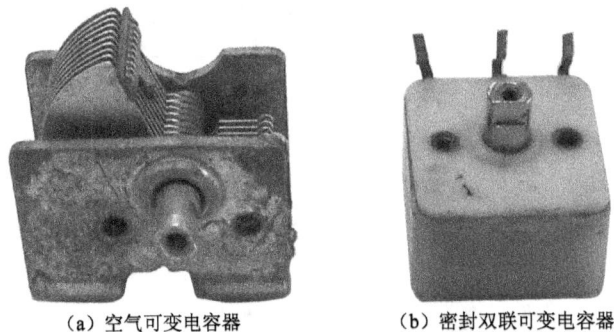

（a）空气可变电容器　　　　　　（b）密封双联可变电容器

图 3.1.4　常见的可变电容器

（3）微调电容器

只能在较小范围（0 至几十皮法）内调节电容量的电容器称为微调电容器。常见的有陶瓷微调电容器、云母微调电容器、接线微调电容器等，如图 3.1.5 所示。微调电容器一般在高频回路中用于不经常进行的频率微调。

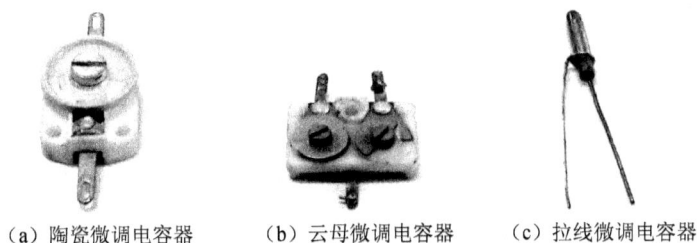

（a）陶瓷微调电容器　　　（b）云母微调电容器　　　（c）拉线微调电容器

图 3.1.5　常见的微调电容器

3.1.2　电容器的电容量

电容器充电时，两极板上聚集电荷而带电，使两电极之间有一定的电压，在两极板之间形成电场，这种作用称为储存电场能。电容器一个极板上所带电量 Q 与两电极之间电压 U 的比值，称为电容器的电容（用符号 C 表示），即

$$C = Q/U$$

式中：C——电容，F（法）；

　　　Q——电量，C；

　　　U——电压，V。

实际使用的电容器的电容都很小，常用 μF（微法）和 pF（皮法）作为单位。各个

单位之间的换算关系为

$$1F=10^6\mu F=10^{12}pF$$

议一议

由公式 $C=Q/U$ 能否说明当 $Q=0$ 时，电容量也等于0？为什么？

电容器的电容量与电容器极板的正对面积成正比，与两极板间的距离成反比。任何两个相邻的导体之间都存在电容，称为分布电容或寄生电容。它们对电路是有害的。

小贴士

电容器和电容量都可简称为电容，可用 C 表示，但电容器是储存电荷的容器，而电容量则是衡量电容器在一定电压作用下储存电荷能力大小的物理量，二者不能混淆。

3.1.3　电容器的主要技术参数

议一议

在观察电容器时，我们发现电容器的外壳上标着各种各样的符号，它们表示什么意义？

1. 标称容量

成品电容器外壳上所标出的电容量称为标称容量，如图 3.1.6 所示。

1）有些电容器的电容量直接在外壳上标出，如"10μF/16V"；有的电容量用字母和数字表示，如"1P2"表示 1.2pF。

2）还有一些电容器用三位数字表示标称容量，其中前两位数字表示电容量的有效数字，最后一位数字表示有效数字后面加多少个零，单位是 pF。

2. 额定工作电压

电容器的额定工作电压又称为"耐压"，是指电容器接入电路后，连续可靠工作所能承受的最大直流电压，超过其允许值可能造成电容器击穿损坏而不能使用。电容器的额定工作电压常标注在成品电容器的外壳上，如图 3.1.6 所示。

3. 允许误差

电容器的实际电容量与标称容量之间有一定误差，在国家标准规定的允许范围之内的误差称为允许误差。电容器的允许误差可采用直接标注、字母标注、罗马数字标注等各种方法标注在电容器的外壳上，如图 3.1.7 所示。

图 3.1.6 电容器的标称容量与耐压

（a）直接标注 　　　　　　　　　　（b）字母标注

图 3.1.7 电容器允许误差的标注方法

电容器的允许误差级数分为 ±1%（00 级）、±2%（0 级）、±5%（Ⅰ级）、±10%（Ⅱ级）、±20%（Ⅲ级）。

电容器允许误差用字母标注时，字母所表示的含义如表 3.1.2 所示。

表 3.1.2　电容器允许误差字母含义

字母	D	F	G	J	K	M
允许误差/%	±0.5	±1	±2	±5	±10	±20

小贴士

电容器的选用原则

1. 应满足电性能要求，主要考虑电容量和耐压值。
2. 根据电路要求和工作环境，选用不同种类的电容器。
3. 考虑装配形式、体积及成本等。

3.1.4 影响电容器电容量的因素

平行板电容器：平行板电容器由相互平行的金属板隔以电介质（绝缘介质）而构成，其电容量与两极板的相对位置、极板的形状和大小，以及两平行板间的电介质有关，如图 3.1.8 所示。

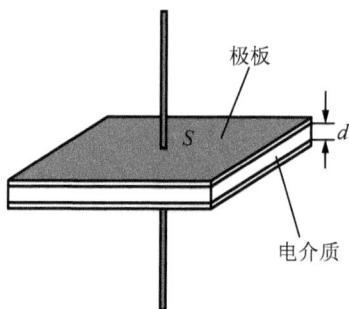

图 3.1.8 影响平行板电容器的电容量的因素

平行板电容器的电容量为

$$C = \varepsilon S / d$$

式中：C——电容量，F；

ε——介质的介电系数，F/m；

S——两极板的相对有效面积，m^2；

d——两极板间的距离，m。

议一议

根据计算平行板电容器电容量的公式，讨论如何才能制出大容量的电容器。

读一读

电容器的极性和质量判断

选择万用表欧姆挡 $R \times 10k$ 量程，将表笔与电容器两极并接，如图 3.1.9 所示，表针先向顺时针方向跳动一下，然后逐步按逆时针复原，即返至 $R = \infty$ 处。若表针不能退回 $R = \infty$ 处，则所指示的值就为电容器漏电的电阻值。

读数：电容器漏电电阻数据的读取，如图 3.1.10 所示。此值越大越好，越大说明电容器绝缘性越好。一般应为几百到几千兆欧。图 3.1.10 所示说明所测电容器漏电电阻值偏小，只有 $1M\Omega$，此电容器性能不佳。

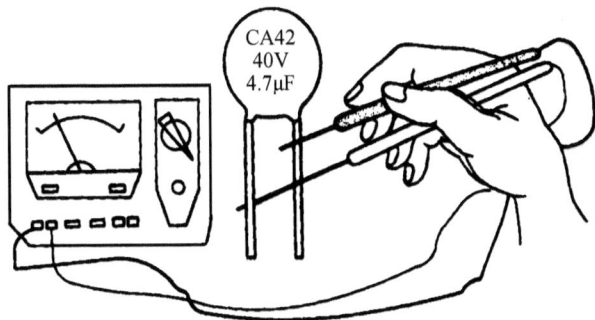

图 3.1.9 电容器与万用表连接示意

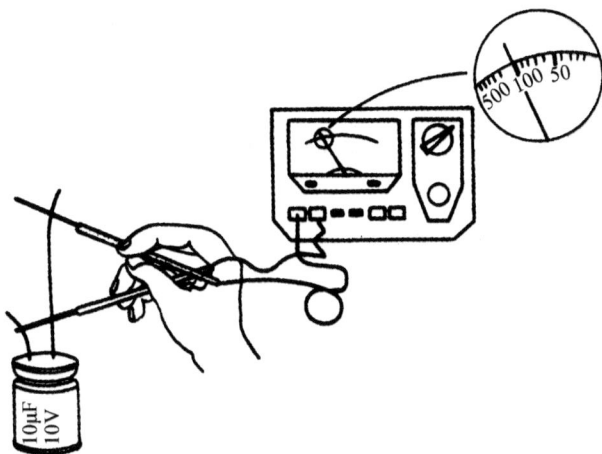

图 3.1.10 电容器漏电电阻示数图

极性判别：根据电解电容器正向接入时，漏电流小（所测电阻大）；反接时漏电流大（所测电阻小）的现象可判别电解电容器的极性，如图 3.1.11 所示。

（a）正向漏电流小   （b）反向漏电流大

图 3.1.11 判别电解电容器的极性

3.2

电容器的连接方式及其特点

在电容器的实际应用中，往往会遇到电容器的电容量与耐压不符合要求的情况，我们可以将电容器做适当连接，以满足实际电路的需要。

3.2.1 电容器的并联及其特点

1. 电容器并联的定义

如图 3.2.1 所示，将若干个电容器接在相同的两点之间的连接方式称为电容器的并联。

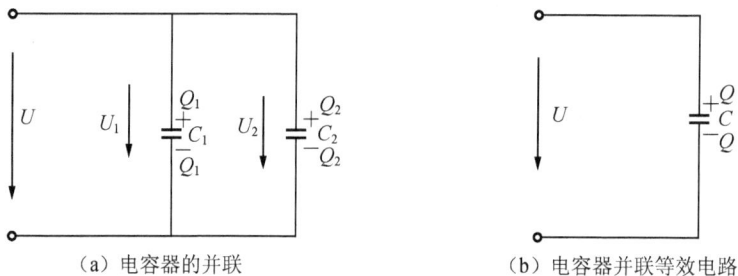

（a）电容器的并联　　　　　　　　（b）电容器并联等效电路

图 3.2.1　电容器的并联及其等效电路

议一议

电阻并联会让电阻阻值变小，电容器并联对其等效电容有什么样的影响呢？

2. 电容器并联的特点

电容器并联有如下特点：

1）电容器并联后每个电容器两端所承受的电压相等，并且等于所接电路的电压 U，即

$$U=U_1=U_2=\cdots=U_n$$

2）电容器并联后的等效电容 C 等于各个电容器的电容量之和，即

$$C=C_1+C_2+\cdots+C_n$$

3）电容器并联后的等效电容器极板上所带电荷量等于各个电容器极板上所带电荷

量之和，即

$$Q=Q_1+Q_2+\cdots+Q_n$$

想一想

并联时各个电容器直接与外加电压相接，因此每个电容器的耐压值都必须大于外加电压值。如果几个耐压值不同的电容器并联，总耐压值应取其中最小的耐压值作为其最大安全工作电压。

思考：有两个电容器，一个电容器上标有"2μF/160V"，另一个电容器上标有"10μF/250V"，若将它们并联起来，等效电容量和最大安全工作电压为多少。

3.2.2　电容器的串联及其特点

1. 电容器串联的定义

如图 3.2.2 所示，将若干电容器依次相连，中间无分支的连接方式称为电容器的串联。

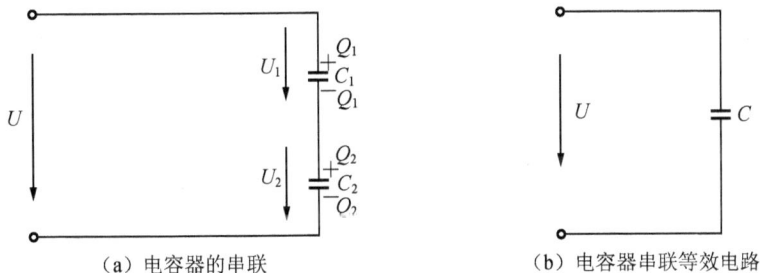

（a）电容器的串联　　　　　（b）电容器串联等效电路

图 3.2.2　电容器的串联及其等效电路

议一议

电阻串联会让电阻值变大，电容器串联对其等效电容有什么影响呢？

2. 电容器串联的特点

电容器串联有如下特点：

1）电容器串联后总电压等于每个电容器两端承受的电压之和，即

$$U=U_1+U_2+\cdots+U_n$$

试验证明：串联电容器实际分配的电压与其电容量成反比。

2）电容器串联后的等效电容 C 的倒数等于各个电容器的电容量的倒数之和，即

$$\frac{1}{C}=\frac{1}{C_1}+\frac{1}{C_2}+\cdots+\frac{1}{C_n}$$

3）电容器串联后各个电容器极板上所带电荷量相等，而且等于等效电容器极板上所带电荷量，即

$$Q=Q_1=Q_2=\cdots=Q_n$$

如果两个电容器串联，则串联时的等效电容常用下式计算：

$$C=\frac{C_1C_2}{C_1+C_2}$$

议一议

有两个电容器，一个电容量为 10μF，耐压为 100V；另一个电容量为 20μF，耐压为 100V，它们串联后能接在电压为 150V 的电路中吗？

3.3

电容器的充放电

电容器是一种储能元件，人们把电容器在外加电源作用下储存电荷的过程称为充电，把充满电荷的电容器通过负载释放电荷的过程称为放电。

1. 电容器的充电

使电容器两极板带上等量且异号电荷的过程称为电容器的充电。在图 3.3.1 中，开关接 1 时，电源对电容器充电，C 两端电压增加到电源电压。

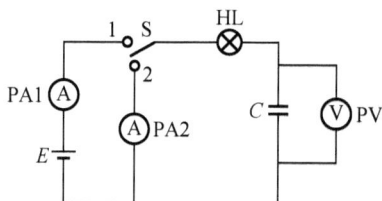

图 3.3.1　电容器充放电电路

2. 电容器的放电

使电容器两极板所带正负电荷中和的过程称为电容器的放电。在图 3.3.1 中，开关接 2 时，电容器对 HL 进行放电，C 两端电压降至 0V。

实验证明，电容器放电的规律如下：

1）电容器放电开始的瞬间，电容器两端的电压最高，放电电流最大。

2）电容器放电过程中，电容器两端的电压慢慢地降低，放电电流逐渐减小。

3）放电结束时，电容器两端电压为零，充电电流为零。

由此可以得出电容器充放电实验的结论：电容器两端的电压不能突变，电容器能储存电荷，具有储存电荷的特性。

读一读

电容器的"隔直"与"通交"作用

电容器接通直流电源时，仅仅在刚接通的短暂时间内发生充电过程，在电路中形成充电电流。充电一旦结束，电路中的电流为零，相当于电容器把直流电流隔断，通常把电容器的这一作用简称为"隔直"。

电容器接通交流电源时，由于交流电源电压的大小和方向随时间不断变化，电容器不断地进行充放电，因此电路中就会反复出现充放电电流，相当于交流电流能够通过电容器，通常把电容器的这一作用简称为"通交"。

3.4

磁场

人们在日常生活中常常会发现一些互不接触的物体间会存在作用力，小磁针总是停在南北方向，某些物体通电后会对另外一些物体产生吸引力，等等。这些现象都是因为磁场的作用产生的。

3.4.1　认识磁场

1. 磁体与磁极

人们把物体能够吸引铁、镍、钴等金属及其合金的性质称为磁性，把这种能够吸引铁钉具有磁性的物体称为磁体。磁体分为天然磁体和人造磁体。天然存在的磁体称为天然磁体，如地球。我们看见的磁体一般都是人造的，常见的人造磁体有条形、蹄形、针形等，如图 3.4.1 所示。

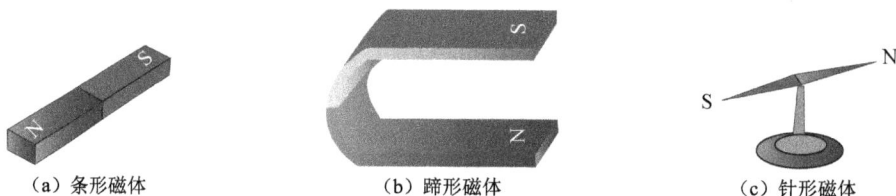

（a）条形磁体 （b）蹄形磁体 （c）针形磁体

图 3.4.1 常见的人造磁体

磁体两端磁性最强的部分称为磁极。一个可以在水平面内自由转动的条形磁铁或小磁针，静止后总是一个磁极指南，一个磁极指北。指南的磁极称为指南极，简称南极（S）；指北的磁极称为指北极，简称北极（N）。

小贴士

任何磁体都有两个磁极，而且无论把磁体怎样分割，磁体总是保持两个异性磁极，也就是说，单独的 N 极或单独的 S 极是不存在的。

2. 磁场与磁感线

磁极之间存在着相互作用力，同名磁极相互排斥，异名磁极相互吸引。人们把磁极之间的相互作用力及磁体对周围铁磁体的吸引力通称为磁力。力是物体对物体的作用，它需要某种媒介来传递，磁力是靠什么来传递的呢？

（1）磁场

在磁体周围的空间，存在一种特殊的物质，我们把它称为磁场，它看不见、摸不着，但是具有一般物质所固有的一些属性（如力和能的特性）。

互不接触的磁体之间存在的相互作用力就是通过磁场这一媒介来传递的。磁场有方向性。判断某空间是否存在磁场，一般可用一个小磁针来检验：能使小磁针转动，并总是停留在一个固定方向的空间都存在磁场。人们规定，在磁场中某一点放一个能够自由旋转的小磁针，小磁针静止时北极 N 所指的方向就是该点的磁场方向，如图 3.4.2 所示。

（2）磁感线

为了形象地描绘磁场，在磁场中画出一系列假想的曲线，曲线上任意一点的切线方向与该点的磁场方向一致，人们把这些线称为磁感线。磁感线可以用实验的方法形象地描绘出来，如图 3.4.3 所示。

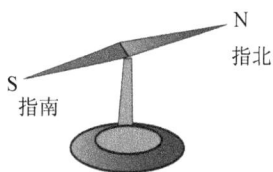

图 3.4.2 小磁针判断磁场的方向

磁感线的特征如下：

1）磁感线是互不交叉的闭合曲线。在磁体外部由 N 极指向 S 极，在磁体内部由 S 极指向 N 极。

2）磁感线上任意一点的切线方向就是该点的磁场方向（图 3.4.4），即小磁针 N 极所指的方向。

3）磁感线的密疏程度表示磁场的强弱，即磁感线越密的地方磁场越强，反之越弱。磁感线均匀分布而又相互平行的区称为均匀磁场，反之则称为非均匀磁场。

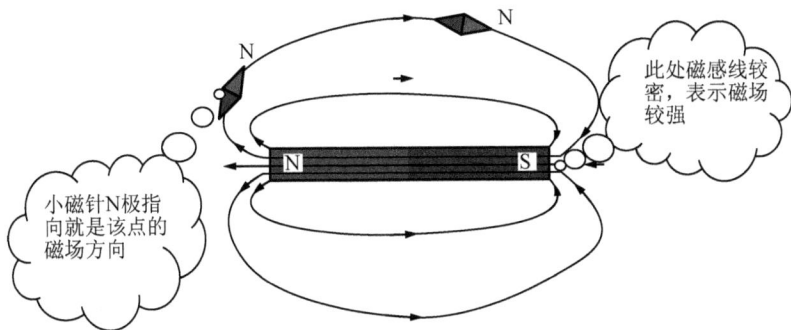

此处磁感线较密，表示磁场较强

小磁针N极指向就是该点的磁场方向

图 3.4.3　条形磁铁的磁感线

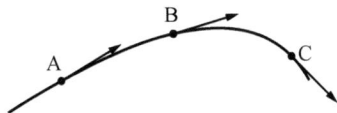

图 3.4.4　磁场中某点的方向

通常，平行于纸面的磁感线用带箭头的线段表示。垂直于纸面向里的磁感线用符号"×"表示，垂直于纸面向外的磁感线用符号"•"表示。

议一议

"磁感线的方向从 N 极指向 S 极。"这句话对吗？为什么？

3. 电流的磁场

1820 年，丹麦物理学家奥斯特在试验中发现，放在导线旁边的小磁针在导体通电时会发生偏转。小磁针为什么会发生偏转呢？通过反复实验，我们发现电流通过导体后周围存在磁场，这种现象称为电流的磁效应。电流越大，产生的磁场越强。

磁场是有方向的，由电流产生的磁场的方向怎样判断呢？法国科学家安培通过实验确定了通电导体周围的磁场方向，并用磁感线对磁场进行描绘。

（1）通电直导线产生的磁场

通电直导线周围磁场的磁感线是以直导线上各点为圆心的一些同心圆，这些圆位于与导线垂直的平面上，如图 3.4.5 所示。电流所产生的磁场方向可以用安培定则（也称右手螺旋定则）来判断。

（2）通电线框内的磁场方向

通电线框内的磁场方向和电流方向的关系同样可用安培定则来判定，如图 3.4.6 所示。

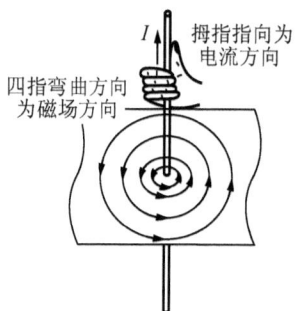

图 3.4.5　直导线电流产生的磁场

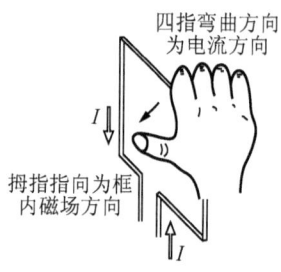

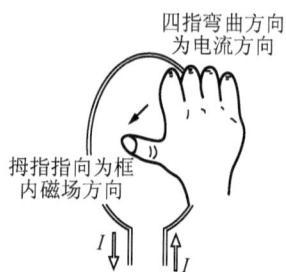

图 3.4.6　通电线框内的磁场方向

（3）通电螺线管的磁场方向

当一个螺线管有电流通过时，它表现出来的磁性类似于条形磁铁，通电螺线管的磁场方向与电流方向之间的关系也可用安培定则来判断，如图 3.4.7 所示。

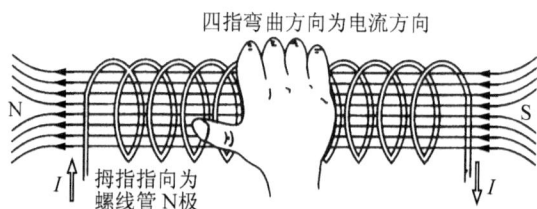

图 3.4.7　通电螺线管的磁场方向

想一想

图 3.4.8 所示为磁悬浮列车。大家想一想，其基本工作原理是什么呢？

图 3.4.8　磁悬浮列车

3.4.2　磁场的基本物理量

用磁感线的疏密程度可以形象地描绘磁场，但是只能进行定性分析，要定量地解决问题，还需要引入磁场的基本物理量。

1. 磁通 Φ

通过垂直于磁场方向某一面积的磁感线的总数，称为该面积的磁通量，简称磁通，用字母 Φ 表示。

磁通的单位为韦伯，简称韦，符号为 Wb。图 3.4.9 形象地描绘了某一面积上的磁通。磁通可以定量地描述磁场在一定面积上的分布情况。当面积一定时，通过该面积的磁通越大，磁场就越强。

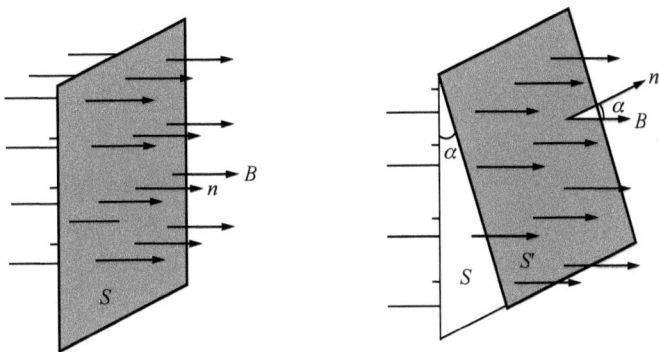

图 3.4.9　磁通示意

2. 磁感应强度 B

通过垂直于磁场方向单位面积的磁感线的多少，称为该点的磁感应强度，用符号 B 来表示，单位是特斯拉，符号为 T。磁感应强度就是用来研究各点的磁场强弱与方向的。人们把磁感应强度的大小和方向都相同的磁场称为均匀磁场。在均匀磁场中，磁感线是等距离的平行线，它的大小可以表示为

$$B = \Phi/S$$

式中：B——磁感应强度，T；

$\quad\quad\Phi$——磁通，Wb；

$\quad\quad S$——面积，m^2。

磁感线上某点的切线方向就是该点磁感应强度的方向。磁感应强度不但能表示出某点磁场的强弱，而且能表示出该点磁场的方向。

3. 磁导率 μ

实验表明，线圈中不同的介质对磁性有影响，其影响的强弱与介质的导磁性能有关。

为了衡量物质导磁能力的强弱，我们引入磁导率这一物理量。磁导率是用来表示介质导磁性能好坏的物理量，用符号 μ 表示，其单位是亨利/米（H/m）。真空中的磁导率是一个常数，常用 μ_0 表示，即

$$\mu_0 = 4\pi \times 10^{-7} \text{H/m}$$

把任一物质的磁导率与真空磁导率的比值称为相对磁导率，用 μ_r 表示，即

$$\mu_r = \mu / \mu_0$$

相对磁导率是个比值，没有单位。它表明在其他条件相同的情况下，介质中的磁感应强度是真空中磁感应强度的多少倍，即 $\mu = \mu_r \mu_0$。

读一读

磁性物质的分类：根据相对磁导率的大小，可把物质分为两大类，如下表所示。

分类		特点	材料
非铁磁物质	反磁物质	μ_r 稍小于 1	如铜、氢等
	顺磁物质	μ_r 稍大于 1	如空气、铝、铬等
铁磁物质		μ_r 远大于 1，可达几百甚至数万以上，并且不是一个常数。铁磁物质被广泛应用于电子技术及计算机技术方面	如铁、硅钢、坡莫合金、铁氧体、钴、镍等

3.4.3 磁场对载流导体的作用力

1. 磁场对载流直导体的作用

如图 3.4.10 所示，通电的直导体周围存在磁场，它就成了一个磁体，把这个磁体放到另一个磁场中，它也会受到磁力的作用。这就是通常所说的"电磁生力"。

设导体的长度为 l，导体中的电流为 I，导体在磁场中受到的作用力用符号 F 表示。当导体中的电流方向与磁场方向垂直时，导体受到的作用力的大小为

$$F = BIl$$

受力方向如图 3.4.11 所示。

当通电导体中的电流方向与磁感线的夹角为 α 时，导体受到作用力的大小为

$$F = BIl\sin\alpha$$

式中：F——通电导体受到的电磁力大小，N；

B——磁感应强度，T；

I——导体中的电流，A；

l——导体在磁场中的长度，m；

α——电流方向与磁感线的夹角。

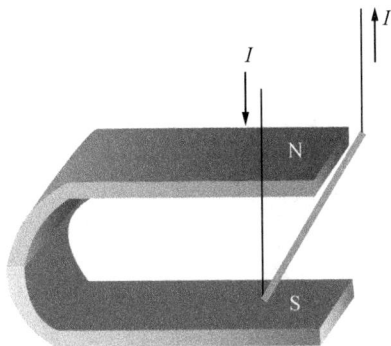

图 3.4.10　磁场中的通电导体

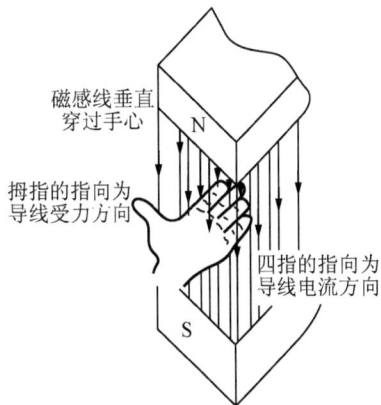

图 3.4.11　受力方向的判断示意

如图 3.4.12 所示，当 $\alpha=90°$ 时，$\sin 90°=1$，导体受到的电磁力最大，当 $\alpha=0°$ 时，$\sin 0°=0$，导体受到的电磁力最小，等于零。

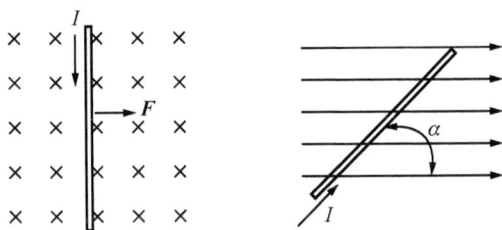

图 3.4.12　磁场中的导体

通电导体在磁场内的受力方向可用左手定则来判断，如图 3.4.13 所示。

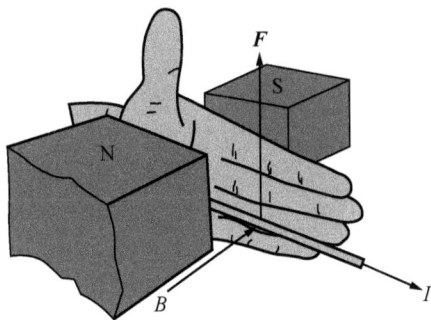

图 3.4.13　左手定则

左手定则：伸开左手，拇指与四指垂直放在一个平面上，让磁感线垂直穿过手心，四指指向电流方向，则拇指所指的方向就是导体所受的磁力方向。

2. 磁场对通电线圈的作用

把通电的线圈放到磁场中，磁场将对通电线圈产生一个电磁转矩，使线圈绕轴线转动，如图 3.4.14 所示。

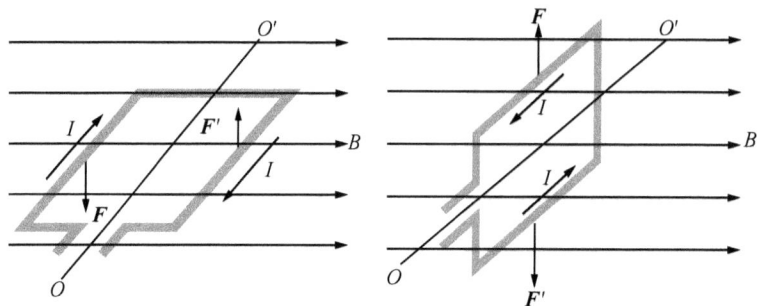

图 3.4.14　磁场对通电线圈的作用

读一读

电视机、收音机中常用的是电动式扬声器，它是利用通电导线在磁场中受电磁力作用发生运动，带动空气振动而发声的。电动式扬声器由环形磁体、音圈、纸盆等组成。在环形磁铁的作用下，软铁柱和上、下两个软铁板都被磁化，在它们的间隙中形成较强的磁场，磁感线的方向呈辐射状。当大小和方向交替变化的电流通过音圈时，音圈就会在电磁力的作用下带动纸盆沿上、下方向振动，发出声音，如图 3.4.15 所示。

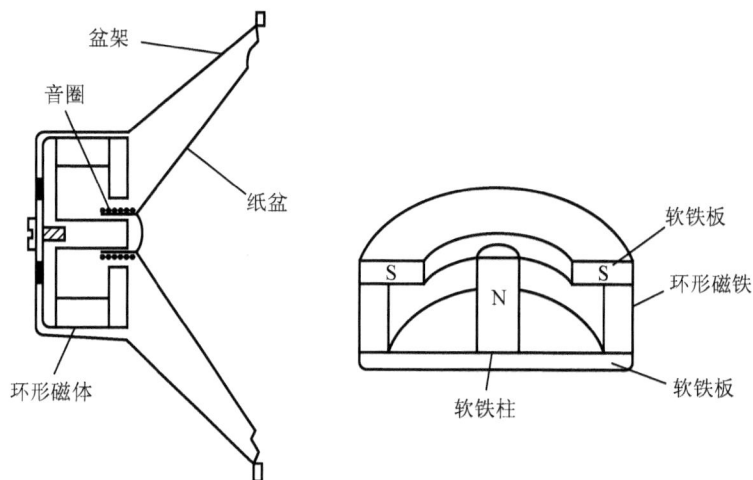

图 3.4.15　电动式扬声器

3. 磁场对运动电荷的作用

运动电荷在磁场中受到的电磁力称为洛伦兹力，用 f 表示。

在均匀磁场中，当电荷的运动方向与磁场方向垂直时，洛伦兹力的表达式为

$$f=Bqv$$

式中：f——洛伦兹力，N；

　　　B——磁感应强度，T；

　　　q——电量，C；

　　　v——电荷运动速度，m/s。

洛伦兹力的方向同样遵循左手定则。

读一读

磁性材料的磁化

1. 磁化：使原来没有磁性的物质具有磁性的过程称为磁化。图 3.4.16 所示为铁磁物质的磁化。

2. 铁磁材料的磁性能如下：

（1）能被磁体吸引。

（2）能被磁化，并且有剩磁和磁滞损耗。

（3）磁导率 μ 不是常数，每种铁磁材料都有一个最大值。

（4）磁感应强度 B 有一个饱和值 B_m。

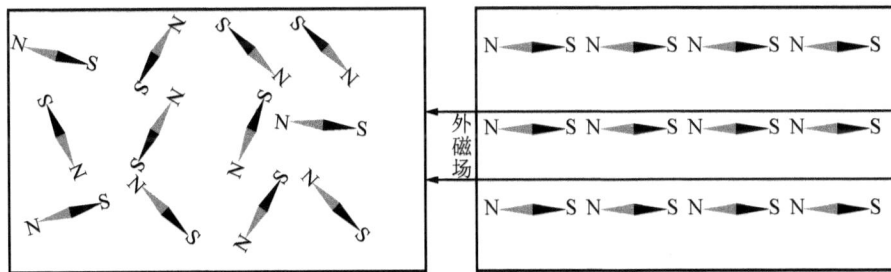

图 3.4.16　铁磁物质的磁化

做一做

准备一把没有磁性的小刀，把它在磁体上摩擦几下，然后把小刀靠近小铁钉，观察会发生什么现象。

3.5

电磁感应定律

电磁感应现象是电磁学中的重要发现之一，它揭示了电、磁现象之间的联系。由此现象人们研制出发电机，电磁感应现象在电工技术、电子技术及电磁测量等领域广泛应用，使人类社会迈进了电气化时代。

3.5.1 电磁感应现象

由于磁通变化而在直导体或线圈中产生电动势的现象称为电磁感应。由电磁感应产生的电动势称为感应电动势，由电磁感应产生的电流称为感应电流。

闭合回路中一部分导体做切割磁感线运动时，产生的感应电流的方向可用右手定则确定。

右手定则：伸开右手，使拇指与其余四指垂直，且都与手掌在同一平面内，让磁感线垂直穿入手心，拇指指向导线运动方向，则四指所指的方向就是导线中感应电流的方向。

1. 直导体切割磁感线产生感应电动势

如图 3.5.1 所示，当闭合回路中直导体做切割磁感线运动时，电流计会发生偏转，说明电路中产生了感应电流和感应电动势。当闭合回路中直导体做平行磁感线运动时，电流计不发生偏转，说明没有产生感应电流和感应电动势。

结论：导体垂直于磁感线运动时，产生电动势，电动势的大小跟切割速度成正比。导体平行于磁感线运动时，不产生电动势。

2. 穿过线圈的磁通发生变化产生感应电动势

如图 3.5.2 所示，当用条形磁铁插入和拔出线圈时，线圈中电流计发生偏转，说明电路中产生了感应电流和感应电动势。当条形磁铁在线圈中不动时，电路中电流计不发生偏转，说明电路中没有产生感应电流和感应电动势。

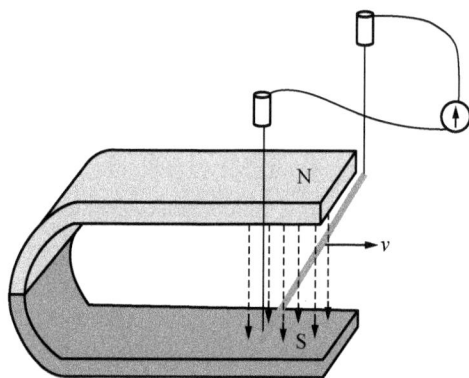

图 3.5.1　直导体切割磁感线运动

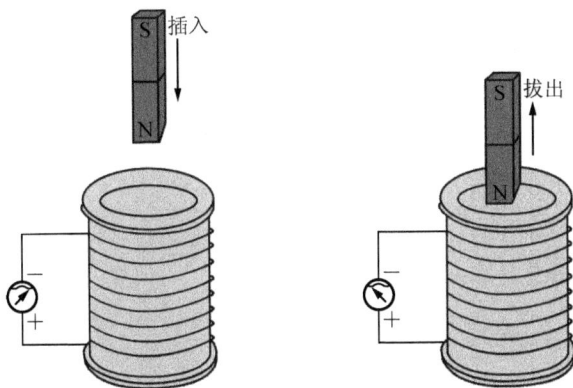

图 3.5.2 穿过线圈的磁通发生变化

结论：通过线圈中的磁通发生变化时，线圈会产生电动势，电动势的大小与磁通变化速度成正比。

3.5.2 感应电动势的大小和方向

感应电动势：由电磁感应产生的电动势，用 e 表示。
感应电流：由感应电动势产生的电流，用 i 表示。

1. 直导体切割磁感线产生感应电动势

1）感应电动势大小的计算式为

$$e＝Blv$$

式中：e——感应电动势，V；

B——磁感应强度，T；

l——直导体的长度，m；

v——导体切割磁感线的速度，m/s。

2）感应电动势方向的判定。

用右手定则判定：如图 3.5.3 所示。

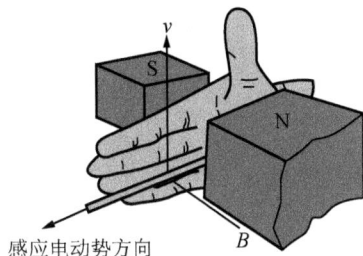

图 3.5.3 右手定则

小贴士

应当注意，由于直导体中产生了感应电动势，因此必须把直导体（包括图 3.5.2 中的线圈）看成一个电源。在电源内部，感应电流从电源的负极流向正极，即感应电流方向与感应电动势的方向相同。

2. 穿过线圈的磁通发生变化产生感应电动势

（1）感应电动势大小的计算

法拉第把电磁感应实验中感应电动势的大小与线圈中磁通变化的关系总结为法拉第电磁感应定律：线圈中感应电动势的大小与此线圈中磁通的变化率成正比，表达式为

$$e = N \frac{\Delta \Phi}{\Delta t}$$

式中：e——在 Δt 时间内感应电动势的平均值，V；

N——线圈匝数，匝；

$\Delta \Phi$——磁通的变化量，Wb；

Δt——磁通变化 $\Delta \Phi$ 所需要的时间，s；

$\dfrac{\Delta \Phi}{\Delta t}$ ——磁通的变化率，表示磁通变化快慢的物理量。

（2）感应电动势方向的判定

条形磁铁插入和拔出线圈时磁通量的变化都可以认为是感应磁通阻碍原磁通的变化，科学家楞次把这一实验规律总结为：当穿过线圈的磁通量发生变化时，感应电动势的方向总是企图使它的感应电流所产生的磁通阻止原磁通的变化，这就是楞次定律，又称磁场惯性定律，即感应电动势总是阻碍外磁场的变化。楞次定律用以判断线圈中感应电动势的方向。

用楞次定律确定感应电流方向的步骤如下：

1）确定原磁通的方向，以及原磁通的变化趋势。

2）根据楞次定律判定感应电流产生的磁通方向。

3）根据感应电流产生的磁通方向，应用安培定则判定感应电流的方向。

4）根据感应电流的方向，确定感应电动势的方向。

小贴士

一般来说，如果导体与磁感线之间有相对切割运动，则用右手定则判定感应电动势的方向较方便；如果导体与磁感线之间没有相对切割运动，只是穿过闭合回路的磁通发生了变化，则要用楞次定律来判定感应电动势的方向。

做一做

如图 3.5.4 所示，在磁感应强度为 B 的匀强磁场中，有一长度为 l 的直导体 AB，可沿平行导电轨道滑动。当导体以速度 v 向右匀速运动时，试确定导体中感应电动势的方向和大小。

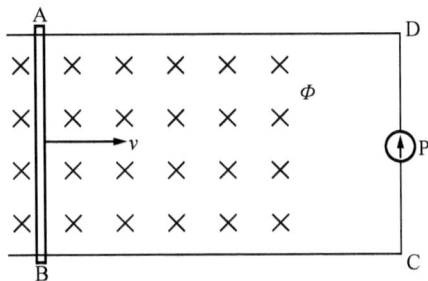

图 3.5.4　导体切割磁感线运动

读一读

趋 肤 效 应

趋肤效应是一种特殊的电磁感应现象。实验表明：直流电通过导线时，导线横截面上各处的电流密度相等；而当交流电通过导线时，导线中因电流产生的磁场发生变化，从而产生自感电流，这时的自感电流将使导体中的电流分布趋向导体表面，这种现象称为趋肤效应。

3.6

电感元件

电感器也是电路中的基本元件，其特性为通直流、阻交流、通低频、阻高频。电感器在电路中常用于交流信号的扼流、电源滤波、谐振选频。

电感器的文字符号为 L，单位有亨（H）、毫亨（mH）、微亨（μH），它们之间的换算关系为

$$1H = 1000mH$$

$$1mH＝1000\mu H$$

图形符号如图 3.6.1 所示。

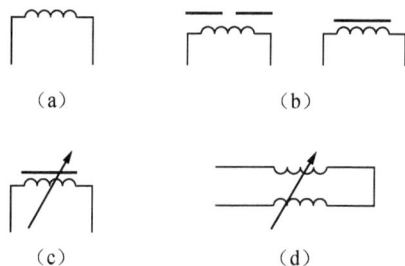

（a）   （b）

（c）   （d）

图 3.6.1　电感器的图形符号

3.6.1　认识电感元件

1．常见电感器和变压器的外形

电感器简称电感，是由绝缘导线绕制而成的线圈。为了得到不同大小的电感量，电感器有的是空心线圈，有的是带有铁心或磁心的线圈，有的是环形线圈，而且体积、电感量、功率有大有小。变压器也是由线圈制成的。常见电感器和变压器的外形如图 3.6.2 所示。

图 3.6.2　常见电感器和变压器的外形

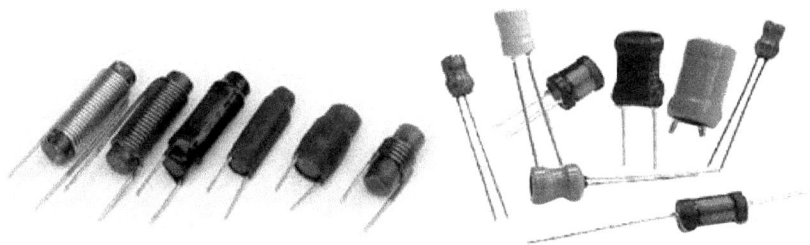

图 3.6.2　常见电感器和变压器的外形（续）

2. 电感器的类型

按照外形，电感器可分为空心电感器（空心线圈）和实心电感器（实心线圈）。

按照工作性质，电感器可分为高频电感器（各种天线线圈、振荡线圈）和低频电感器（各种扼流圈、滤波线圈等）。

按照封装形式，电感器可分为普通电感器、色环电感器、环氧树脂电感器、贴片电感器等。

按照电感量，电感器可分为固定电感器和可调电感器。

3.6.2　电感元件的技术参数和选用

1. 电感器的技术参数

电感器的主要技术参数有电感量（L）、品质因数（Q，重要参数）、标称电流、分布电容等，其中重要的技术参数都标注在电感器的外壳上，作为识别、选用电感器的指标。

（1）电感量

电感量表示电感线圈工作能力的大小。电感量＝磁通/电流，即

$$L = \Phi / I$$

（2）品质因数

品质因数（Q）表示在某一工作频率下，线圈的感抗与其等效直流电阻的比值，即

$$Q = \omega L / R$$

式中：ω——工作频率；

　　　L——线圈电感量；

　　　R——线圈总损耗电阻。

Q 值越大，线圈的铜耗越小，当然质量也就越好。中波收音机中周的 Q 一般为 55～75。选频电路中，Q 值越高，电路的选频特性也越好。

（3）标称电流

标称电流指规定温度下，线圈正常工作时所能承受的最大电流值。对于阻流线圈、电源滤波线圈和大功率谐振线圈，这是一个很重要的参数。

标称电流表示：A——50mA，B——150mA，C——300mA，D——700mA，E——1600mA。

（4）分布电容

分布电容指电感线圈匝与匝之间、线圈与地及屏蔽盒之间存在的寄生电容。

分布电容使 Q 值减小，稳定性变差。导线用多股线或将线圈绕成蜂房式、天线线圈采用间绕式，均可以减小分布电容。

2. 电感器的质量判定

电感器的质量可用万用表欧姆挡来判定。根据检测的电阻值大小，可以简单判定电感器的质量。

读一读

电感器的质量判定

将万用表置于 $R\times1$ 挡，先调零，然后用万用表的红、黑表笔分别接电感器的两个引脚，实验现象和质量判定如下。

1. 现象：万用表指针指向最右端，电感器的检测电阻为零。

质量判定：电感器内部短路。

2. 现象：万用表指针不动，指在最左端，电感器的检测电阻为无穷大。

质量判定：电感器断路。

3. 现象：万用表有一定摆幅，电感器的检测电阻为一定值。

质量判定：电感器可用。

3.6.3 认识自感和互感

1. 自感

（1）自感现象

如图 3.6.3 所示，由于流过线圈本身的电流发生变化而引起的电磁感应现象称为自感现象，简称自感。在自感现象中产生的感应电动势称为自感电动势，用 e_L 表示，自感电流用 i_L 表示。

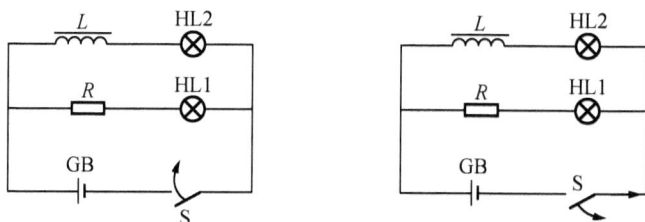

图 3.6.3　自感现象

合上开关，HL2 比 HL1 亮得慢；断开开关，HL2 和 HL1 慢慢熄灭。

（2）自感系数

自感电流产生的磁通称为自感磁通。为了衡量不同线圈产生自感磁通的本领，引入自感系数（也称电感）这一物理量，用 L 表示，有

$$L = \frac{N\Phi}{i}$$

式中：L——自感系数，H；

N——线圈匝数，匝；

Φ——每一匝线圈的自感磁通，Wb；

i——流过线圈的电流，A。

小贴士

电感 L 是线圈的固有参数，它取决于线圈的匝数、几何尺寸，以及线圈中介质的磁导率 μ。线圈越长，单位长度上的匝数越多，截面积越大，电感就越大。由于铁磁材料的磁导率不是一个常数，它是随磁化电流的不同而变化的量，因此，有铁心线圈的电感也不是一个常数，这种电感称为非线性电感。电感为常数的线圈称为线性电感。

2. 互感

（1）互感现象

一个线圈中的电流发生变化而在另一线圈中产生电磁感应的现象，称为互感现象，简称互感，如图 3.6.4 所示。由互感产生的感应电动势称为互感电动势，用 e_M 表示，有

$$e_M = M\frac{\Delta i_1}{\Delta t}$$

式中：M——互感系数，简称互感，单位是 H。

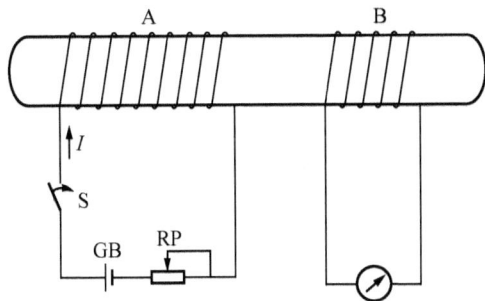

图 3.6.4 互感现象

（2）互感线圈的同名端

由于线圈绕向一致而产生感应电动势的极性始终保持一致的接线端，称为线圈的同

名端，用"·"或"*"表示，如图 3.6.5 所示。

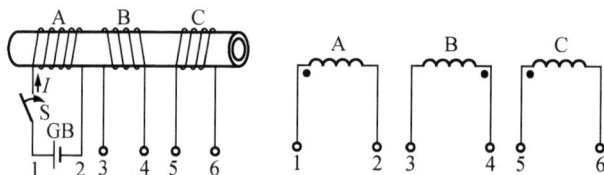

图 3.6.5　互感线圈的同名端

读一读

涡　流

　　当在具有铁心的线圈中通入交流电时，就有交变的磁场穿过铁心，在铁心内部必然会形成感应电流。由于这种电流在铁心中自成闭合回路，且呈旋涡状，故称涡流。

3.7

实践活动：识别电容器与电感器并进行质量判定

1. 实训目的

1）会根据电容器外壳上的标注识读标称容量、允许误差及耐压。
2）会使用万用表检测、比较电容器的电容量大小和质量优劣。
3）会使用万用表检测电感器的质量。

2. 实训器材

万用表、小容量电容器（200pF～0.047μF）5 个、大容量电容器（4.7～1000μF）5 个、故障电容器（漏电、失去容量的电解电容器）2 个、各类型电感器 5 个。

3. 实训内容及步骤

第 1 步　电容器的识别

01 将所选电容器固定在测试板上，并在板上每个电容器处写出编号，如图 3.7.1 所示。

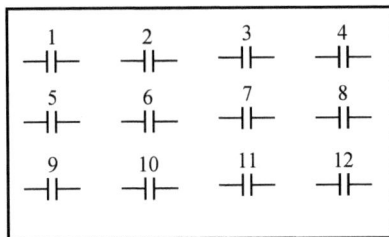

图 3.7.1　电容器测试板

02　根据测试板上各电容器的外表标注，按编号顺序分别读出电容器标称容量、允许误差及耐压，填写在表 3.7.1 中相应的格内。

第 2 步　电容器的质量检测

检测电容器测试板上的电容器质量，将检测出的结果填写在表 3.7.1 中相应的格内。

第 3 步　漏电、失去容量的电解电容器的检测

检测电容器测试板上的漏电、失去容量的电解电容器，将检测出的结果填写在表 3.7.1 中相应的格内。

表 3.7.1　识读、测量电容器

电容器序号	电容介质	外表标注	标称容量	耐压	质量判定
1					
2					
3					
4					
5					
6					
7					
8					
9					
10					
11					
12					

第 4 步　电感器的质量检测

将指针式万用表置于 $R \times 1$ 挡，通过测量各电感器的阻值来判断电感器的好坏，将检测结果填入表 3.7.2 中。

表 3.7.2　测量电感器

电感器序号	外表标注	电感量	正向电阻值	反向电阻值	质量判定
1					
2					
3					
4					
5					

◀◀◀◀　单 元 检 测　▶▶▶▶

一、填空题

1．有两个电容器的电容分别为 C_1 和 C_2，其中 $C_1 > C_2$，如果加在这两个电容器上的电压相等，则电容量为_____的电容器所带的电量多；如果两个电容器所带的电量相等，则电容量为_____的电压高。

2．两个"10V/30μF"的电容器串联，等效电容是_____，耐压是_____；若并联，则等效电容是_____，耐压是_____。

3．电容器按其结构可分为_____电容器、_____电容器和_____电容器。

4．电容的国际单位是_____，比它小的单位是_____和_____。

5．两个电容器电容分别为"10μF"和"30μF"，则它们并联后的等效电容为_____，串联后的等效电容为_____。

6．通电导体在磁场中要受到_____的作用，其方向可用_____定则来判断。

7．具有磁性的物体称为_____，人造磁体有_____形、_____形和_____形等几种。

8．磁通是_____和与其垂直的某一面积的乘积。

9．感应电流的磁场总是在_____原来磁场的变化。

10．导体在磁场内做切割_____运动而产生的电动势称为感应电动势。

11．电流的磁场方向可用_____来判定，通电直导线中电流越强，则_____越强，越靠近直导线，磁感线_____。

12．穿过闭合回路的_____发生变化时，回路中有_____和_____产生。如果回路是不闭合的，则只有_____存在。

二、判断题

1．电容器的电容量要随着它所带电量的多少而发生变化。　　　　　　（　　）

2．电容器使用时，所加的电压不应超过它的额定工作电压值。　　　　（　　）

3．几个电容器串联后接在直流电源上，那么它们所带的电量均相等。　（　　）

4. 将两个分别标有"10μF/50V"和"5μF/50V"的电容器串联后，它们的额定工作电压应为100V。　　　　　　　　　　　　　　　　　　　　　（　　）

5. 电容器本身只进行能量的交换，而并不消耗能量，所以说电容器是一种储能元件。　　　　　　　　　　　　　　　　　　　　　　　　　　　　　　（　　）

6. 在检测较大容量的电容器的质量时，将万用表表笔分别与电容器的两端接触，发现指针根本不偏转，则说明电容器内部已短路。　　　　　　　　　　　（　　）

7. 两个电容器，一个电容量较大，另一个电容量较小，如果它们所带的电量一样，那么电容量较大的电容器上的电压一定比电容量较小的电容器上的电压高。　（　　）

8. 每个磁体都有两个磁极，一个称为 N 极，一个称为 S 极。若把磁体断成两段，则一段为 N 极，另一段为 S 极。　　　　　　　　　　　　　　　　　　（　　）

9. 磁感线只是从 N 极到 S 极。　　　　　　　　　　　　　　　　　　（　　）

10. 穿过某闭合回路的磁通越多，感应电动势越高。　　　　　　　　　（　　）

11. 感应电流产生的磁场总是和原磁场方向相反。　　　　　　　　　　（　　）

12. 通电导体在磁场中的受力方向可用左手定则判断。　　　　　　　　（　　）

13. 一个不带铁心的线圈比带有铁心的线圈的电感 L 大得多。　　　　（　　）

14. 感应电流产生的磁场总是和原磁场方向相同。　　　　　　　　　　（　　）

15. 电磁铁、变压器及电动机的铁心都是用硬磁材料制成的。　　　　　（　　）

三、选择题

1. 某电容器的电容为 C，则不带电时它的电容是（　　　　）。
   A. 0　　　　　　B. C　　　　　　C. 小于 C　　　　　　D. 大于 C

2. 如图 3.1 所示，电容器两端的电压为（　　　　）。
   A. 9V　　　　　B. 0　　　　　　C. 1V　　　　　　D. 10V

3. 两个相同的电容器并联之后的电容，跟它们串联之后的电容之比是（　　　　）。
   A. 4∶1　　　　B. 1∶4　　　　C. 1∶2　　　　　D. 2∶1

4. 用万用表电阻挡检测大容量的电容器质量时，当将万用表表笔分别与电容器两端接触时，看到指针有一定偏转后，很快回到接近于起始的位置，说明该电容器（　　　　）。
   A. 内部已短路　　　　　　　　　B. 有较大的漏电
   C. 内部可能断路　　　　　　　　D. 质量较好，漏电较小

5. 电容器并联使用时将使总电容量（　　　　）。
   A. 增大　　　　　B. 减小　　　　　C. 不变

6. 两个电容器串联后接在直流电路中，若 $C_1 = 3C_2$，则 C_1 两端的电压是 C_2 两端的（　　　　）倍。
   A. 3　　　　　　B. 9　　　　　　C. 1/9　　　　　　D. 1/3

7. 如图 3.2 所示，每个电容器的电容都是 3μF，额定工作电压都是100V，那么整

个电容器组的等效电容是（　　）。

A．4.5μF　　　　B．2μF　　　　C．6μF　　　　D．1.5μF

图 3.1

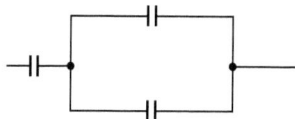

图 3.2

8．在某一电路中，需要接入一个 16μF、耐压 800V 的电容器，今只有 16μF、耐压 450V 的电容器数个，为了达到上述要求，需将（　　）。

A．2 个 16μF 电容器串联后接入电路

B．2 个 16μF 电容器并联后接入电路

C．4 个 16μF 电容器先两两并联，再串联接入电路

D．无法达到上述要求

9．条形磁铁中，磁性最强的部位在（　　）。

A．中间　　　　B．两极　　　　C．整体

10．磁感线上任一点（　　）方向，就是该点的磁场方向。

A．指向 N 极　　　B．切线　　　C．直线

11．磁感线的密疏程度反映了磁场的强弱，越密的地方表示磁场（　　）。

A．越强　　　　B．越弱　　　　C．越均匀

12．判断通电直导线或通电线圈产生的磁场方向用（　　）。

A．右手定则　　　B．右手螺旋定则　C．左手定则

13．两根平行直导线通过相反方向的直流电流时，它们之间的作用力（　　）。

A．互相排斥　　　B 互相吸引　　　C．无相互作用　　　D．都不正确

14．当线圈中通入（　　）时，就会产生自感现象。

A．不变的电流　　B．变化的电流　　C．电流

15．互感现象是（　　）线圈发生的电磁感应。

A．一个　　　　B．两个　　　　C．两个或多个

16．互感现象与自感现象一样都是（　　）的。

A．有利　　　　B．有弊　　　　C．有利也有弊

17．下面的说法中错误的是（　　）。

A．电路中有感应电流必有感应电动势存在

B．自感是电磁感应的一种

C．互感是电磁感应的一种

D．电路中有电动势必有感应电流

四、作图题

1. 如图 3.3 所示，小磁针静止不动，标出电源的极性。

2. 判断图 3.4 所示的磁场中通电导体的受力方向，并标在图上。

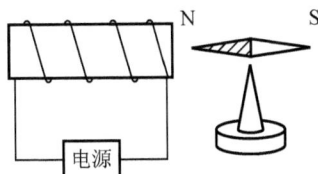

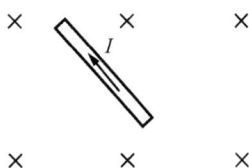

图 3.3

图 3.4

3. 如图 3.5 所示，当磁铁下落时，标出线圈中感应电流的方向。

4. 试判定图 3.6 中载流导体所受磁场力的方向（I 指电流）。

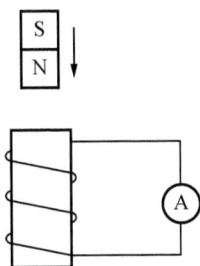

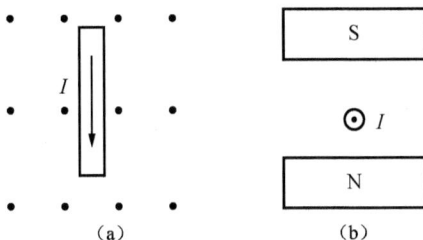

图 3.5

图 3.6

5. 判定图 3.7 中电阻 R 中的感应电流的方向，并在图中标出。

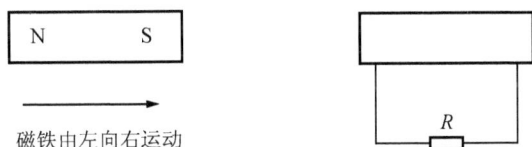

图 3.7

五、简答题

1. 因为 $C=Q/U$，所以 C 与 Q 成正比，C 与 U 成反比，对吗？为什么？

2. 有两个电容器，一个电容量较大，另一个电容量较小，如果它们所带的电量一样，那么哪一个电容器上的电压高？如果它们充得的电压相等，那么哪一个电容器的电量大？说明理由。

3. 额定电压相同的交、直流电磁铁能否互换使用？

4. 什么是电磁感应定律？

六、计算题

1. 某一电容器带电 10^{-5}C，两极板间的电压为 200V，如果其他条件不变，只将电量增加 10^{-6}C，两极板间的电压变为多大？在这个过程中，电容器的电容量有没有变化？若有变化，变化了多少？

2. 电路如图 3.8 所示，已知 $U = 10$V，$R_1 = 40\Omega$，$R_2 = 60\Omega$，$C = 0.5\mu$F，求电容器所带的电量。

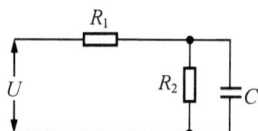

图 3.8

4
单 元

单相正弦交流电

>>>>>

◎ **知识目标**

- 了解单相正弦交流电的产生过程。
- 了解单相正弦交流电的相关物理量。
- 了解纯电阻、纯电感和纯电容电路的特性。
- 了解 RLC 电路功率补偿的方法。

◎ **能力目标**

- 能掌握功率补偿的方法。
- 能正确连接电路。

4.1

正弦交流电的产生

由单元 1 可以知道，大小和方向随时间发生周期性变化的电压或电流为交流电。那么，什么是正弦交流电呢？它又是如何产生的呢？

1. 正弦交流电的定义

大小和方向随时间按正弦规律变化的交流电称为正弦交流电。在生活中，人们所说的交流电指的就是正弦交流电。

看一看

观察直流电和正弦交流电的波形，如图 4.1.1 所示。与直流电相比，除了电流以外，正弦交流电还有周期、频率、角频率等参数。这是因为交流电不同于直流电，它每时每刻都在变化，时间不同，交流电的大小不同，频率不同，变化的快慢不同。

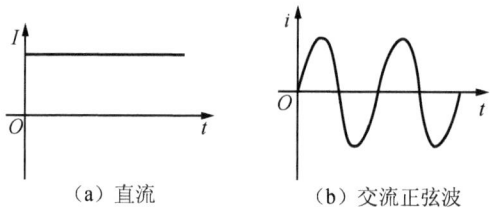

（a）直流　　　　　　　　（b）交流正弦波

图 4.1.1　直流电和正弦交流电的波形

2. 正弦交流电的产生

正弦交流电可以由交流发电机提供，也可由振荡器产生。交流发电机主要是提供电能，振荡器主要是产生各种交流信号，如图 4.1.2 所示。

下面主要介绍由交流发电机产生正弦交流电的工作原理。

在发电机内部有一个由发动机带动的转子（旋转磁场）。在磁场外有一个定子绕组，绕组有三组线圈（三相绕组），在空间上彼此相隔 120°。当转子旋转时，旋转的磁场使固定的电枢绕组切割磁感线（或者说使电枢绕组中通过的磁通量发生变化）而产生电动势。我们以其中一相绕组为例，如图 4.1.3 所示。

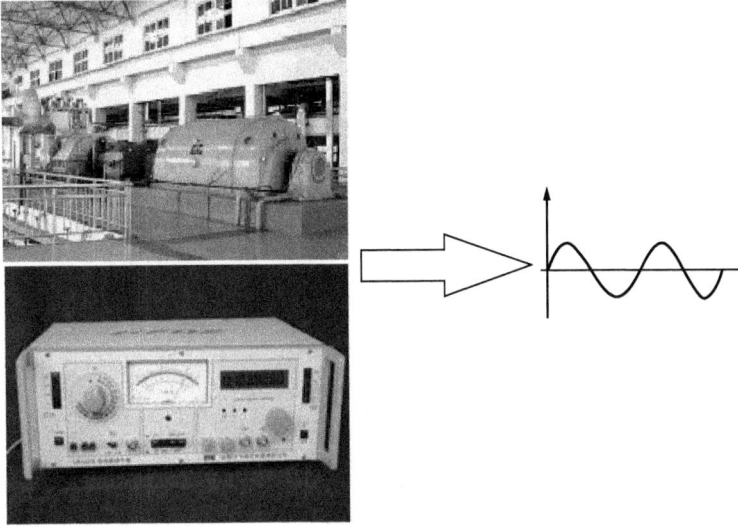

图 4.1.2　正弦交流电的产生

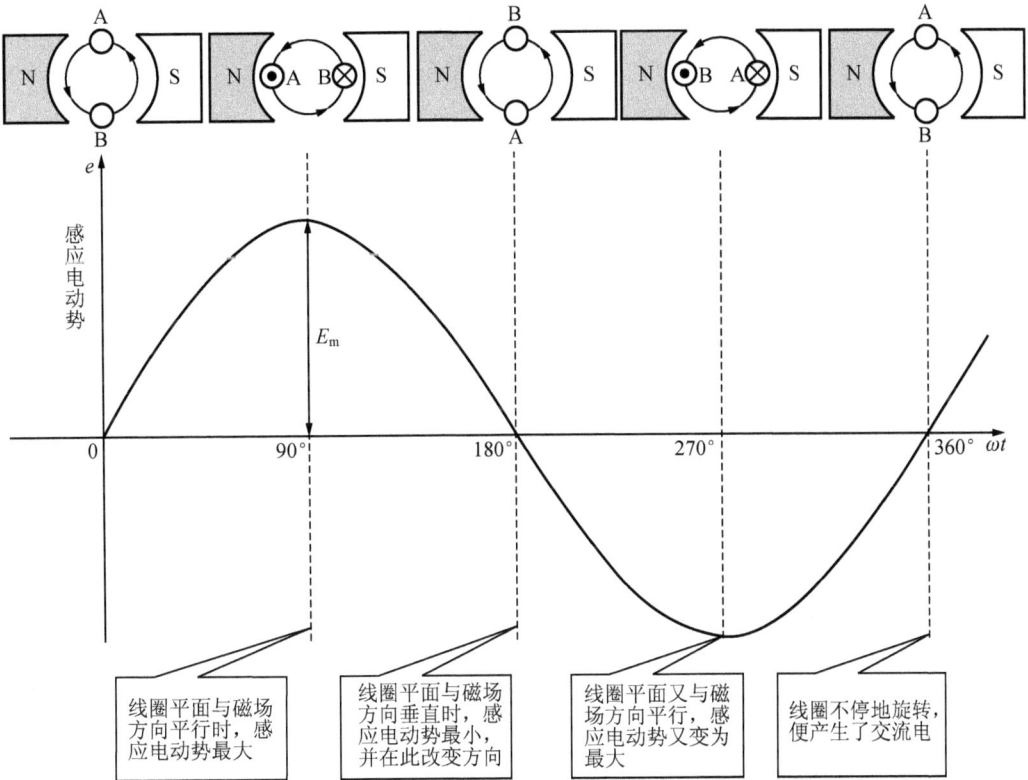

图 4.1.3　正弦交流电的产生过程

4.2

正弦交流电的相关物理量

4.2.1 周期、频率和角频率

1. 周期

正弦交流电完成一次周期性变化所用的时间，称为周期，用 T 表示，单位是 s。

2. 频率

交流电在单位时间（1s）完成周期性变化的次数，称为频率。用字母 f 表示，单位是赫［兹］，符号为 Hz。常用单位还有千赫（kHz）和兆赫（MHz），换算关系为

$$1kHz = 10^3 Hz$$
$$1MHz = 10^6 Hz$$

周期与频率的关系为

$$T = 1/f$$

3. 角频率

交流电每秒内变化的电角度称为角频率，用 ω 表示，单位是弧度/秒（rad/s）。角频率与频率 f 之间的关系为

$$\omega = 2\pi f$$

小贴士

  周期与频率都是反映交流电变化快慢的物理量。我国电力的标准频率是 50Hz，称为工频，周期为 0.02s。世界多数国家交流电频率都是 50Hz，如欧盟各国等，但也有不少国家（如美国、加拿大、日本等）交流电的频率为 60Hz。

4.2.2 瞬时值、最大值和有效值

1. 瞬时值

交流电在任一瞬间的值称为瞬时值，用小写字母表示。例如，i、u、e 分别表示电流、电压、电动势的瞬时值。

2. 最大值

瞬时值中最大的值称为最大值,也称峰值或振幅值,用带有下标 m 的大写字母表示,例如,I_m、U_m、E_m 分别表示电流、电压、电动势的最大值。

3. 有效值

将交流电和直流电分别加在同样阻值的电阻上,如果在相同的时间内两者产生的热量相等,那么就把这一直流电的大小称为相应交流电的有效值,用大写字母表示。例如,I、U、E 表示电流、电压、电动势的有效值。在日常生活中,人们用交流电压表和交流电流表测得的值及电气设备铭牌上的额定值都是有效值。

理论和实验都可以证明,正弦交流电的最大值是有效值的 $\sqrt{2}$ 倍,即

$$I = \frac{I_m}{\sqrt{2}} \approx 0.707 I_m$$

$$U = \frac{U_m}{\sqrt{2}} \approx 0.707 U_m$$

$$E = \frac{E_m}{\sqrt{2}} \approx 0.707 E_m$$

小贴士

有效值和最大值是从不同角度反映交流电流强弱的物理量。通常所说的交流电的电流、电压、电动势的值,不作特殊说明的都是指有效值。例如,市电电压是 220V,是指其有效值为 220V。

4.2.3　相位、初相和相位差

1. 相位

t 时刻正弦交流电对应的电角度 $\omega t + \varphi_0$,称为相位。它决定交流电每一瞬间的大小,用弧度（rad）表示。

2. 初相位

当 $t = 0$ 时,相位 $\varphi = \varphi_0$,φ_0 称为初相位（简称初相）。它反映了正弦交流电起始时刻的状态。

3. 相位差

两个同频正弦交流电,任一瞬间的相位的差称为相位差,用符号 ϕ 表示,即

$$\phi = (\omega t + \varphi_{01}) - (\omega t + \varphi_{02}) = \varphi_{01} - \varphi_{02}$$

在实际应用中，规定用绝对值小于 π 的角度（弧度值）表示相位差。

当 $0 < \phi < \pi$ 时，波形如图 4.2.1（a）所示，i_1 总比 i_2 先经过对应的最大值和零值，这时就称 i_1 超前 $i_2\phi$ 角（或称 i_2 滞后 $i_1\phi$ 角）。

当 $-\pi < \phi < 0$ 时，波形如图 4.2.1（b）所示，称为 i_1 滞后于 i_2（或称 i_2 超前 i_1）。

当 $\phi = 0$ 时，波形如图 4.2.1（c）所示，称为 i_1 与 i_2 相位相同，简称同相。

当 $\phi = \pi$ 时，波形如图 4.2.1（d）所示，称为 i_1 与 i_2 相位相反，简称反相。

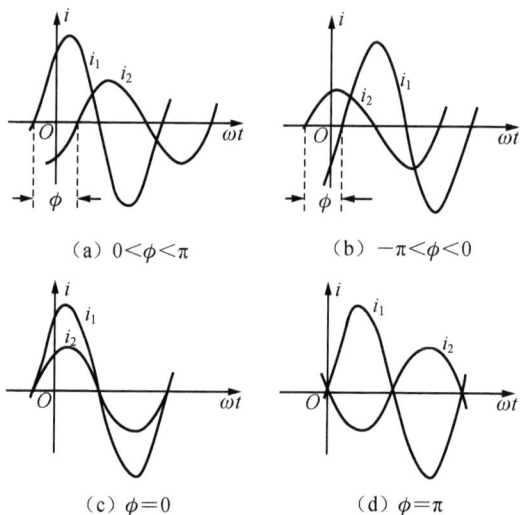

（a）$0 < \phi < \pi$　　　　　　（b）$-\pi < \phi < 0$

（c）$\phi = 0$　　　　　　（d）$\phi = \pi$

图 4.2.1　正弦交流电的相位差

总结：最大值、频率和初相位称为正弦交流电的三要素。

小贴士

正弦交流电的表示

1. 解析式表示法。用三角函数式表示正弦交流电随时间变化的方法称为解析式表示法。正弦交流电的电动势、电压和电流瞬时值解析式分别为

$$e = E_m \sin(\omega t + \varphi_e)$$
$$u = U_m \sin(\omega t + \varphi_u)$$
$$i = I_m \sin(\omega t + \varphi_i)$$

只要给出时间 t 的数值，就可以求出该时刻 e、u、i 相应的值。

2. 波形图表示法。在平面直角坐标系中，将时间 t 或角度 ωt 作为横坐标，与之对应的 e、u、i 的值作为纵坐标，作出 e、u、i 随时间 t 或角度 ωt 变化的曲线，这种方法

称为波形图表示法，它的优点是可以直观地看出交流电的变化规律。图 4.2.2 所示为正弦交流电的波形。

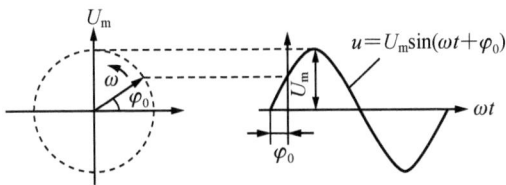

3. 向量表示法。既有大小又有空间方向的物理量称为向量。在物理学中，我们就用旋转向量来表示电流或者电压等物理量。在平面直角坐标系内，以坐标原点为起点作一有向线段为旋转向量。以正弦交流电电压 $u = U_m \sin(\omega t + \varphi_0)$ 为例，其中 U_m 是正弦交流电电压用旋转向量表示的长度，ω 是正弦交流电电压在平面坐标系中旋转的速度，即角速度（逆时针旋转），φ_0 是正弦交流电电压在平面坐标系中初始时刻（$t = 0$）与横坐标的角度，如图 4.2.3 所示。

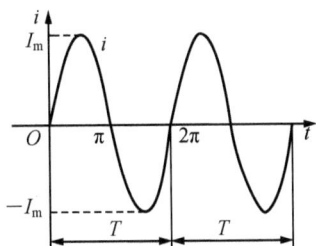

图 4.2.2　正弦交流电的波形

图 4.2.3　正弦交流电的向量表示

我们经常用平行四边形原则进行向量运算，向量图用来分析相位的关系。

4.3

纯电阻、纯电感及纯电容电路

电阻器、电感器及电容器是交流电路中重要的负载元件之一，下面研究它们在正弦交流电路中的特性。

4.3.1　纯电阻电路

在交流电路中，只考虑负载电阻的作用的电路称为纯电阻电路，如电灯、电烙铁、电暖器电路等，如图 4.3.1 所示。

从单元 2 学习电阻元件可知，电阻元件属于耗能元件，满足欧姆定律。其特性如下：

1. 伏安特性

1）相位相同。

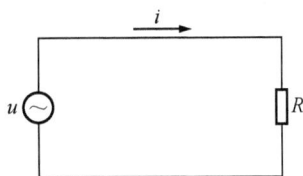

图 4.3.1　纯电阻电路

2）电压与电流的关系：

$$R=\frac{U}{I}=\frac{\sqrt{2}U}{\sqrt{2}I}=\frac{U_{\mathrm{m}}}{I_{\mathrm{m}}}$$

2. 功率

功率有瞬时功率（用小写 p 表示）和有功功率（用大写 P 表示），都等于相应的电压乘以电流，即

$$p=UI-UI\cos 2\omega t$$
$$P=UI=U^2/R=I^2R$$

4.3.2 纯电感电路

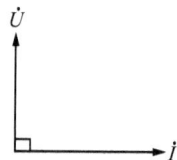

电路中只有线圈（电感元件）且线圈电阻忽略不计的交流电路称为纯电感交流电路，又称纯电感电路，如图 4.3.2 所示。

从单元 3 学习电感元件可知，电感元件属于储能元件，不满足欧姆定律。其特性如下：

1. 伏安特性

1）电感元件从相位上电压超前于电流 90° 电角，相量图如图 4.3.3 所示。

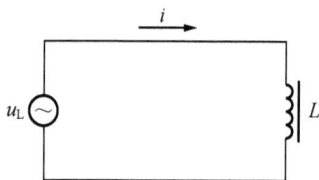

图 4.3.2 纯电感电路   图 4.3.3 纯电感电路相量图

2）电压与电流的关系：

$$U=\omega LI=2\pi fLI=IX_{\mathrm{L}}$$

式中：$X_{\mathrm{L}}=2\pi fL=\omega L$ 称为电感元件的电抗，简称感抗。感抗反映了电感元件对正弦交流电流的阻碍作用；感抗的单位与电阻相同，也是 Ω。

2. 功率

功率有瞬时功率（用小写 p 表示）和无功功率（用大写 Q_{L} 表示），都等于相应的电压乘以电流，即

瞬时功率：$p=u_{\mathrm{L}}i_{\mathrm{L}}=U_{\mathrm{L}}I_{\mathrm{L}}\sin 2\omega t$

无功功率：$Q_L=U_LI_L=I_L^2X_L=\dfrac{U_L^2}{X_L}$

无功功率等于瞬时功率中去除有功功率后剩余功率的最大值，它表示能量交换的能力。

4.3.3　纯电容电路

电路中只有电容元件且电容电阻忽略不计的交流电路称为纯电容交流电路，又称纯电容电路，如图 4.3.4 所示。

从单元 3 学习电容元件可知，电容元件属于储能元件，不满足欧姆定律。其特性如下：

1. 伏安特性

1）电容元件从相位上电流 i 超前于电压 u 90°电角，相量图如图 4.3.5 所示。

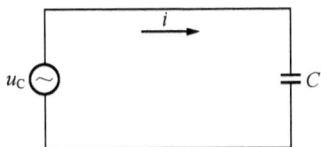

图 4.3.4　纯电容电路　　　　　图 4.3.5　纯电容电路相量图

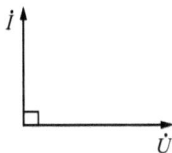

2）电压与电流的关系

$$I_C=U\omega C=U2\pi fC=U/X_C$$

式中：$X_C=\dfrac{1}{\omega C}$ 称为电容元件的电抗，简称容抗。容抗反映了电容元件对正弦交流电流的阻碍作用；容抗的单位与电阻相同，也是Ω。

2. 功率

功率有瞬时功率（用小写 p 表示）和无功功率（用大写 Q_C 表示），都等于相应的电压乘以电流，即

$$瞬时功率：p=u_Ci_C=U_CI_C\sin 2\omega t$$
$$无功功率：Q_C=U_CI_C=I_C^2X_C=U_C^2/X_C$$

无功功率等于瞬时功率中去除有功功率后剩余功率的最大值，它表示能量交换的能力。

4.4

RLC 串联电路

前面我们学习了单一元件的性质，但是在实际电路中，单一元件的电路基本上是不存在的，大部分由两种及以上元件组成。电阻、电容及电感串联后组成的电路有何性质呢？电阻、电容及电感串联电路如图 4.4.1 所示。

1. 伏安特性

电阻、电容及电感串联电路相量图如图 4.4.2 所示。

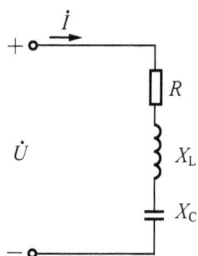

图 4.4.1　电阻、电容及电感串联电路　　　图 4.4.2　电阻、电容及电感串联电路相量图

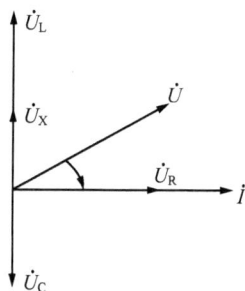

用 Z 表示总的阻抗，有

$$Z = R + j(X_L - X_C)$$

1）当 $X_L > X_C$ 时，电路呈感性。
2）当 $X_L = X_C$ 时，电路呈纯电阻性。
3）当 $X_L < X_C$ 时，电路呈容性。

2. 功率

1）瞬时功率：

$$p = UI \cos\varphi - UI \cos(2\omega t - \varphi)$$

2）有功功率：

$$P = UI \cos\varphi = U_R I = I^2 R$$

有功功率就是瞬时功率的平均值，$\cos\varphi$ 称为 RLC 电路的功率因数。

3）无功功率：

$$Q=UI\sin\varphi$$

无功功率反映的是电路储能元件的能量交换情况，它等于能量变换的最大功率。

4）视在功率：

$$S=UI$$
$$S=\sqrt{P^2+Q^2}$$
$$\cos\varphi=\frac{P}{S}=\frac{R}{|Z|}$$

视在功率、有功功率和无功功率构成一个直角三角形，称为功率三角形。

4.5 实践活动：单相交流电路实验

1. 实训目的

1）学习荧光灯管工作原理及其接线方法。
2）学习单相交流电压、电流和功率的测量。
3）认识电感性负载并学习通过并联电容提高电感性负载功率因数的方法。

2. 实训器材

荧光灯管套件、万用表、智能电功率表、电容器（1μF、2.2μF、4.7μF/500V）、导线、电工工具套件。

3. 实训内容及步骤

第1步　识读电路图，明确实验目标

实验电路如图 4.5.1 所示。荧光灯管电路由灯管、启辉器（辉光启动器）和镇流器三部分组成。其中灯管是一个近似的电阻元件，镇流器为带铁心的电感线圈，所以荧光灯管电路是电感性负载，且功率因数较低。为了提高电路的功率因数，可并联电容 C。当并联的电容 C 值合适时，可使电路的总功率因数等于1。但如果并联的电容 C 值过大，将引起过补偿而使整个电路成为电容性负载。

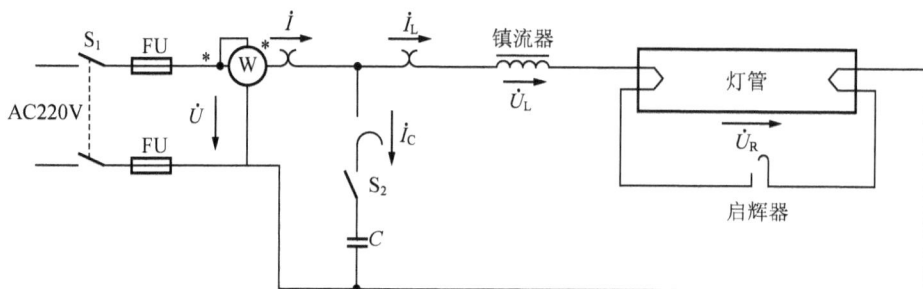

图 4.5.1 荧光灯管电路

想一想

荧光灯管电路并联电容后功率因数会提高，如何从电路特性分析呢？

第 2 步 电路的安装和检测

01 认识主要元器件。请大家说出图 4.5.2 所示的元器件的名称。

图 4.5.2 元器件

02 检测元器件好坏。

安装元器件之前需要进行检测，保证元器件的质量和数量达到要求，以保障电路的运行。

03 根据电路图，设计元器件的布置图。

元器件的布置图就是根据电气元件在控制板上的实际位置，采用简化的外形符号绘制的一种简图。布置图中各元器件的文字符号必须与电路图中的保持一致。

04 根据电路图及布置图进行元器件的安装和布线。

05 电路测量。

① 合上电源开关 S_1，断开 S_2，接通电源，观察荧光灯的起动过程。

② 用万用表测量荧光灯电路的端电压 U、灯管两端的电压 U_R、镇流器两端的电压 U_L 和荧光灯电路的电流 I_L，用智能交流功率表测量荧光灯的功率 P 和功率因数 $\cos\varphi$，将测量数据填入表 4.5.1 中。

表 4.5.1　测量数据（一）

U/V	U_R/V	U_L/V	I_L/A	P/W	$\cos\varphi$

③ 合上开关 S_2，在荧光灯电路两端并联不同的电容器。测量荧光灯电路的端电压 U、灯管两端的电压 U_R、镇流器两端的电压 U_L、电路的总电流 I、荧光灯电路的电流 I_L 和电容器的电流 I_C，用智能交流功率表测量荧光灯的功率 P 和功率因数 $\cos\varphi$，将测量数据填入表 4.5.2。

表 4.5.2　测量数据（二）

电容器	U/V	U_R/V	U_L/V	I/A	I_L/A	I_C/A	P/W	$\cos\varphi$
1μF/500V								
2.2μF/500V								
4.7μF/500V								

小贴士

RLC 并联电路

1. 通过前面对纯电阻、纯电感及纯电容电路的学习，可以画出 RLC 并联电路（图 4.5.3）电流相量图，如图 4.5.4 所示。

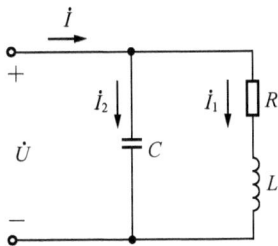

图 4.5.3　RLC 并联电路　　　图 4.5.4　RLC 并联电路电流相量图

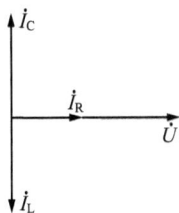

2. RLC 并联电路性质。由图 4.5.4 可以看出：

若 $I_C>I_L$，即 $X_C>X_L$，电路呈容性。

若 $I_C<I_L$，即 $X_C<X_L$，电路呈感性。

若 $I_C=I_L$，即 $X_C=X_L$，电路呈阻性。

由以上内容可以看出，荧光灯电路并联适当电容就是利用电容的容性补偿镇流器的感性来提高功率因数的。

◀◀◀◀ 单 元 检 测 ▶▶▶▶

一、填空题

1. 交流电的大小和_____都随时间发生周期性变化，且在一个周期内其平均值为零。

2. 正弦交流电是指电压、电流随时间按_____规律变化的交流电。

3. 我国工业及生活使用的交流电周期为_____，频率为_____。

4. 正弦交流电的最大值与有效值的关系是_____。

5. 正弦交流电的三个基本要素是_____、_____和_____。

6. 已知 $u(t)=-6\sin(314t+30°)$，$U_m=$_____V，$\omega=$_____rad/s，$\varphi=$_____rad，$T=$_____s，$f=$_____Hz。

7. 已知两个正弦交流电流 $i_1=10\sin(314t-30°)$A，$i_2=210\sin(314t+60°)$A，则 i_1 和 i_2 的相位差为_____，_____超前_____。

8. 已知正弦交流电压 $u=10\sin(314t+60°)$V，该电压有效值为_____。

9. 把 220V 的交流电压加在 110Ω的电阻上，则电阻上的电压 $U=$_____V，电流 $I=$_____A。

10. 在纯电感交流电路中，电压与电流的相位关系是电压_____电流90°，感抗 $X_L=$_____，单位是_____。

11. 在纯电容交流电路中，电压与电流的相位关系是电压_____电流90°，容抗 $X_C=$_____，单位是_____。

二、判断题

1. 正弦量的初相位与起始时间的选择有关，而相位差则与起始时间无关。（　　）

2. 正弦量的基本三要素是最大值、频率和相位。（　　）

3. 两个不同频率的正弦量可以求相位差。（　　）

4. 人们平时所用的交流电压表、电流表测出的数值是有效值。（　　）

5. 频率不同的正弦量可以在同一相量图中画出。（　　）

三、简答题

1．简述正弦交流电的产生过程。
2．简述 RLC 并联电路提高功率因数的原理。

5
单 元

家居照明电路

>>>>>

◎ **知识目标**

● 认识常用电工工具，并掌握其使用方法。

● 了解导线的种类及选择方法。

● 了解灯具的种类及其用途。

● 了解开关的结构及其接线方法。

● 掌握家居常用照明电路的安装知识。

● 了解电能表的结构、原理、接线方法。

◎ **能力目标**

● 能够熟练使用常用电工工具。

● 能够正确选择家居照明电线并进行连接。

● 能够根据家装的设计风格选择灯具。

● 能够熟练安装一开关控制一白炽灯电路和二开关控制一白炽灯电路。

● 能够熟练安装常用家装配电箱。

5.1

常用电工工具的使用方法

如果家中突然停电,经过询问不是供电局停电原因,则如何排查原因和排除故障?并请想一想,在排查原因和排除故障的过程中会使用到哪些工具呢?请大家从图 5.1.1 所示的工具包中选出需要的工具。

图 5.1.1　工具包

5.1.1　验电笔

验电笔又称为"试电笔"和"测电笔",是用于检测电气设备或线路是否带电的工具。生活中常用的有螺丝刀式和数字式两种。

1. 螺丝刀式验电笔

螺丝刀式验电笔如图 5.1.2 所示。

（1）内部结构

螺丝刀式验电笔的内部结构如图 5.1.3 所示。

（2）使用方法

使用前,必须检查验电笔是否损坏、有无受潮或进水现象,检查合格后才可使用。

使用螺丝刀式验电笔测试时，以大拇指和中指夹紧笔身，食指接触金属端盖，用笔头去接触所检测的电气设备或线路。若检测的电气设备或线路所带电压在验电笔测试范围内，氖管发亮。

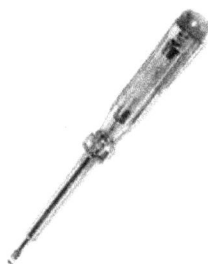

图 5.1.2　螺丝刀式
　　　　　验电笔

图 5.1.3　螺丝刀式验电笔的内部结构

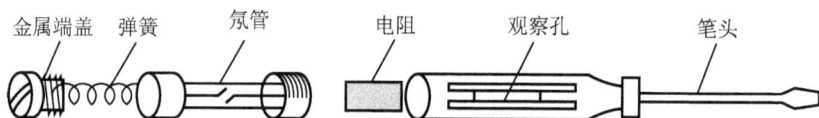

小贴士

1. 检测时身体严禁接触验电笔笔头，以免发生触电。若笔头较长，可以加绝缘套管。

2. 明亮的光线下要注意避光，以防光线太强而不易观察到氖管是否发亮，从而造成误判。

使用完毕后，要保持验电笔清洁，并放置干燥处，严防摔碰。

验电笔除了可以判断物体是否带电外，还常有以下两个用途：

1）区别交流电和直流电。在用验电笔测试时，如果验电笔氖管中的两个极都发光，则是交流电；若两个极中只有一个极亮，则是直流电，并且氖管发亮的那个极是负极。

2）区分交流电异相或同相。人站在对地完全绝缘的物体上，两只手正确地各握一支验电笔。当两支验电笔同时接触到导线时，验电笔氖管发光则为同相，不亮则为异相。

2. 数字式验电笔

数字式验电笔如图 5.1.4 所示。

1）按键说明如下：

DIRECT（A 键）：直接测量按键（离液晶屏较远），也就是用触头直接去接触线路时，请按此按键。

INDUCTANCE（B 键）：感应测量按键（离液晶屏较近），也就是用触头感应接触线路时，请按此按键。

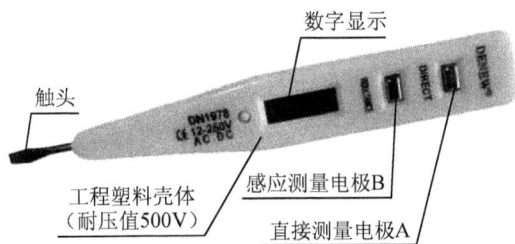

图 5.1.4　数字式验电笔

小 贴 士

不管数字式验电笔上如何印字，请认明离液晶屏较远的为直接测量按键，离液晶屏较近的为感应测量键。

2）数字式验电笔适用于直接检测 12～250V 的交直流电和间接检测交流电的中性线、相线和断点，还可测量不带电导体的通断。

3）直接检测：

① 最后数字为所测电压值。

② 未到高断显示值 70%时，显示低断值。

③ 测量直流电时，应手碰另一极。

4）间接检测：按住 B 键，将触头靠近电源线，如果电源线带电，数字式验电笔的显示屏上将显示高压符号。

5）断点检测：按住 B 键，沿电线纵向移动时，显示屏内无显示处即为断点处。

做 一 做

请大家分别用螺丝刀式验电笔和数字式验电笔区分插座里面的相线与中性线，用数字式验电笔测试时请读出电压。

5.1.2　螺丝刀

螺丝刀是人们生活中常用的一种工具，用于旋动螺钉，按其头部形状可分为一字形和十字形，如图 5.1.5 所示。

1. 规格

1）一字形螺丝刀的型号表示为刀头宽度×刀杆长度。例如，2mm×75mm，表示刀头宽度为 2mm，刀杆长度为 75mm（非全长）。

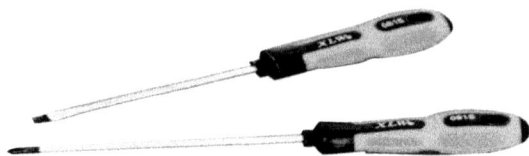

图 5.1.5 螺丝刀

2）十字形螺丝刀的型号表示为刀头大小×刀杆长度。例如，2#×75mm，表示刀头为 2 号，金属杆长为 75mm（非全长）。有些厂家以 PH2 来表示 2#，实际是一样的。可以以刀杆的粗细来大致估计刀头的大小，不过工业上是以刀头大小来区分的。型号 0#、1#、2#、3#对应的金属杆粗细大致为 3.0mm、5.0mm、6.0mm、8.0mm。

2. 使用方法

1）选择的螺丝刀的刀口必须和螺钉槽吻合。
2）让螺丝刀刀口端与螺钉槽口处于垂直。
3）当开始拧紧或拧松时，用力将螺丝刀压紧后再用手腕力扭转螺丝刀刀柄；然后拧紧或拧松。

做 一 做

请大家在木板上固定安装一个电源多用插座。

5.1.3 钢丝钳

1. 结构

钢丝钳由钳头、钳柄和钳柄绝缘套组成，其中钳头由钳口、齿口、刀口和铡口组成，如图 5.1.6 所示。

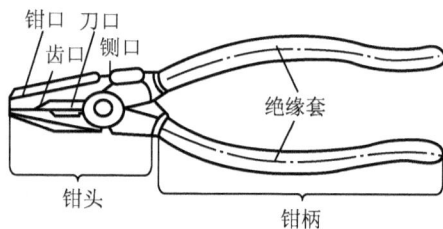

图 5.1.6 钢丝钳

钳头各部分作用如下：
钳口：弯绞和钳夹导线。
齿口：紧固或拧松螺母。

刀口：剪切或剖削软导线绝缘层。

铡口：铡切导线线芯、钢丝或铅丝等较硬金属丝。

2．规格

钢丝钳的规格有 160mm、180mm、200mm。

3．使用方法

将钳口朝内侧，便于控制钳切部位；用小指伸在两钳柄中间来抵住钳柄，张开钳头，这样分开钳柄灵活。使用钢丝钳时应注意以下问题：

1）使用前应检查其绝缘柄绝缘状况是否良好，若发现绝缘柄绝缘破损或潮湿，不允许带电操作，以免发生触电事故。

2）用钢丝钳剪切带电导线时，必须单根进行，不得用刀口同时剪切相线和中性线或者两根相线，否则会发生短路事故。

3）不能用钳头代替锤子作为敲打工具，否则容易引起钳头变形。钳头的轴销应经常加机油润滑，保证其开闭灵活。

4）严禁用钢丝钳代替扳手紧固或拧松大螺母，否则会损坏螺栓、螺母等工件的棱角，导致无法使用扳手。

5）使用完毕后，放置于干燥处，为防止生锈，钳轴要经常加油。

做一做

请大家用钢丝钳剪切一根钢丝。

5.1.4　剥线钳

1．用途

剥线钳如图 5.1.7 所示，用于小直径导线绝缘层的剥削。

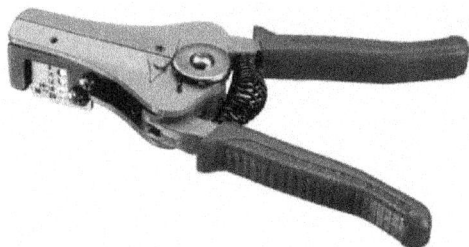

图 5.1.7　剥线钳

2. 使用方法

1）根据缆线的粗细型号，选择相应的剥线刀口。

2）将准备好的电缆放在剥线工具的刀刃中间，选择好要剥线的长度。

3）握住剥线工具手柄，将电缆夹住，缓缓用力使电缆外表皮慢慢剥落。

4）松开工具手柄，取出电缆线，这时电缆金属整齐露出，其余绝缘塑料完好无损。

做一做

请大家用剥线钳剥削 5 根 2.5mm^2 的导线。

5.1.5　电工刀

电工刀（图 5.1.8）是电工常用的一种剖削工具，由刀片、刀刃、刀把和刀挂组成。不用时，把刀片收缩到刀把内。

图 5.1.8　电工刀

使用电工刀剖削前，要先将电工刀的刀刃磨锋利。剖削时，刀片与导线以一定锐角切入，要控制力度，避免伤及线芯，同时注意防止划伤手指。图 5.1.9 所示为用电工刀剥离单芯导线绝缘层的方法。

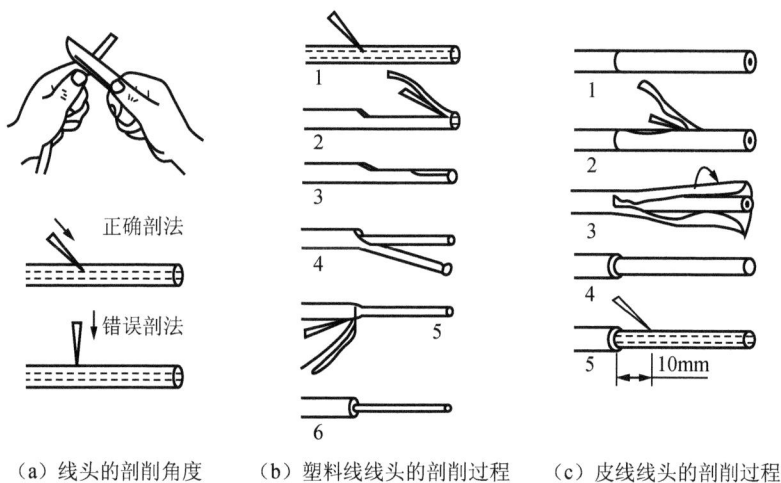

（a）线头的剖削角度　　（b）塑料线线头的剖削过程　　（c）皮线线头的剖削过程

图 5.1.9　用电工刀剥离单芯导线绝缘层的方法

做 一 做

请大家用电工刀剥削 5 根 $6mm^2$ 的软导线。严禁对着人切削导线。

5.1.6　活扳手

1. 用途

活扳手用于紧固和拆卸螺栓。

2. 结构

活扳手由轴销、扳柄、蜗轮、活扳唇和呆扳唇组成，如图 5.1.10 所示。各部分作用如下：

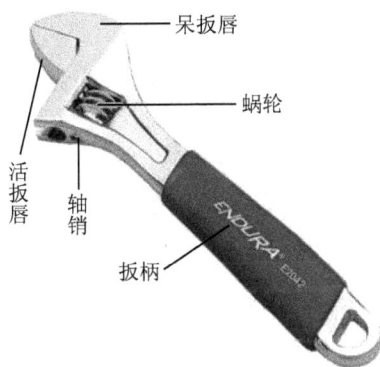

呆扳唇

蜗轮

活扳唇

轴销

扳柄

图 5.1.10　活扳手

轴销：防止开口调节螺母脱落。
扳柄：提供力臂。
蜗轮：调节开口大小。
活扳唇、呆扳唇：夹紧工件。

3. 规格

活扳手规格如表 5.1.1 所示。

表 5.1.1　活扳手规格

活扳手规格/mm	100	150	200	250	300	375	450	600
最大开口宽度/mm	13	19	24	28	34	43	52	62

4. 使用方法

1）根据工件的大小选择合适的活扳手。

2）调节蜗轮使活扳手的开口宽度和工件吻合。

3）往活扳唇方向旋转扳柄，紧固或拆卸工件。

5. 使用注意事项

1）活扳手开口不应太松，防止打滑，以免损坏工件和造成人身伤害。

2）要顺力顺扳，不准反扳，以免损坏扳手。

3）扳手用力方向 1m 内严禁站人。

4）使用完毕后注意保持干净。

想一想

如何用活扳手拆卸带有一点儿锈的螺钉？

5.1.7　电烙铁

电烙铁是电子线路中最常用的焊接工具，其组成如图 5.1.11 所示。

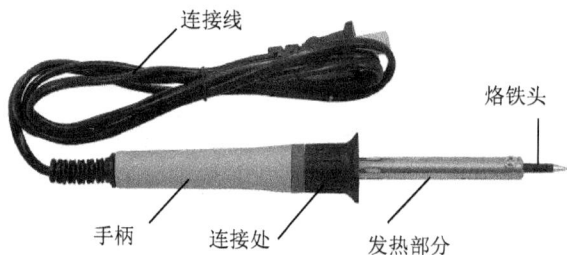

图 5.1.11　电烙铁

1. 使用前注意事项

1）检测电烙铁好坏。首先可以从电烙铁手柄上看到电烙铁的功率和电压，根据 $P=U^2/R$ 估算出电烙铁发热芯的阻值大小，然后用万用表检测。若测得的阻值与估算的阻值基本吻合，说明电烙铁正常；若测得的阻值为无穷大或为零，说明电烙铁内部断路或短路，需维修。

2）新烙铁应用细砂纸将烙铁头打光亮，通电烧热，蘸上松香后用烙铁头刃面接触焊锡丝，使烙铁头表面均匀地镀上一层锡。这样做，可以便于焊接和防止烙铁头表面氧化。旧的烙铁头如严重氧化而发黑，可用钢锉锉去表层氧化物，使其露出金属光泽，重新镀锡后，才可继续使用。

3）认真检查电源插头、电源线绝缘有无损坏，并检查烙铁头是否松动。

2. 焊接方法

（1）握持电烙铁的方法

通常，握持电烙铁的方法有握笔法和握拳法两种，如图 5.1.12 所示。握笔法适用于轻巧型的烙铁；握拳法适用于功率较大的烙铁，有正握和反握两种。

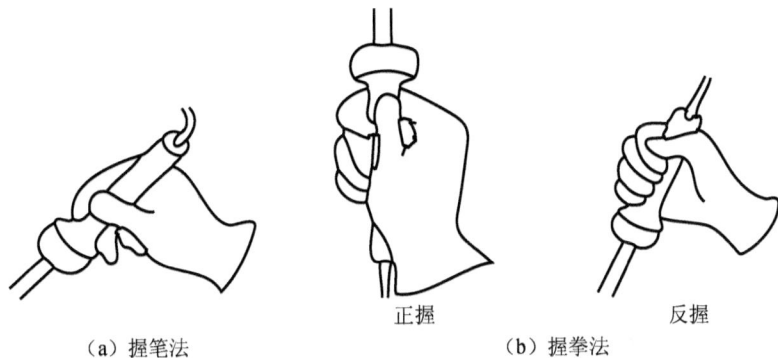

（a）握笔法　　　　　正握　　　（b）握拳法　　反握

图 5.1.12　电烙铁握持方法

（2）焊料及其正确握法

焊料及其正确握法分别如图 5.1.13 和图 5.1.14 所示。

（a）连续焊接时　　　（b）断续焊接时

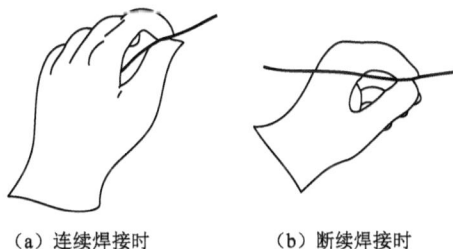

图 5.1.13　焊料　　　　　　　　图 5.1.14　焊锡丝的正确握法

（3）焊接工艺

图 5.1.15 和图 5.1.16 所示分别为五步焊接法和焊点锡量的掌握图。

（4）注意事项

1）焊接时间不能过长，否则会烧坏元器件。

2）焊接过后如果电烙铁留有焊锡，严禁随手甩掉，否则会伤及身边的人。

3）使用过程中不要任意敲击烙铁头，以免损坏电烙铁。

4）电烙铁使用完毕后，应妥善保管，防止电烙铁被氧化。

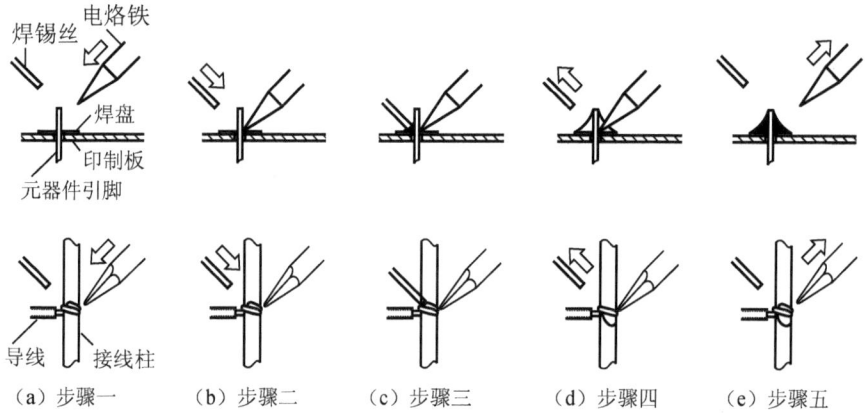

图 5.1.15 五步焊接法

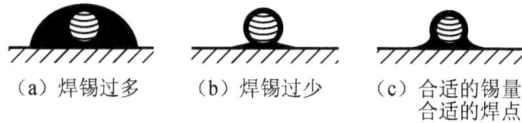

图 5.1.16 焊点锡量的掌握图

做一做

请大家在万用板上焊接 5 个电阻和 5 个晶体管。

5.2 导线

图 5.2.1 所示的常用导线常见于生活中什么场所？对于它们，大家了解多少呢？

图 5.2.1 常用导线

5.2.1　常用导线的选型

导线也称"电线"，用于生活和工业中电的传输。实际使用中为了保证系统的安全和经济，在选用导线时应考虑导线的材料、导线的绝缘性能及导线的截面积。

1. 导线的材料选择

导线的材料主要有铜和铝，铜的导电性能比铝的导电性能好，而且，铜线的力学性能优于铝线。所以，某些特殊场所规定必须使用铜线，如防爆所、仪器仪表等。但是铝的密度比铜的轻，只为铜的 30%。因此，输送相同的电流，铝导线约轻 52%，这对于架空线来说尤为重要。

2. 导线的绝缘性能

导线的绝缘性能必须符合使用中对绝缘的要求。导线的绝缘就是在导线外围均匀而密封地包裹一层不导电的材料，如树脂、塑料、硅橡胶、PVC 等，防止导线与外界接触从而发生触电事故。常用的是聚氯乙烯绝缘导线和橡皮绝缘导线。

3. 导线的截面积

实际使用中选取导线的截面积比较复杂，主要是考虑的因素较多，主要有导线载流量、敷设方式、散热条件等。但通过长期的实践，总结出了导线安全电流口诀：

　10 下五；100 上二；25、35 四三界；70、95 两倍半；穿管、温度八九折；裸线加一半；铜线升级算。

该口诀解释如下：10mm^2 以下各规格的电线，如 2.5mm^2、4mm^2、6mm^2、10mm^2，每平方毫米可以通过 5A 电流；100mm^2 以上各规格的电线，如 120mm^2、150mm^2、185mm^2，每平方毫米可以通过 2A 电流；25mm^2 的电线每平方毫米可以通过 4A 电流，35mm^2 的电线每平方毫米可以通过 3A 电流；70mm^2、95mm^2 的电线每平方毫米可以通过 2.5A 电流；如果电线需穿电线管或经过高温地方，其安全电流需打折扣，即安全电流再乘以 0.8 或 0.9；架空的裸线可以通过较大的电流，即在原来的安全电流上再加上一半的电流；铜线升级算是指每种规格的铜线可以通过的电流与高一级规格的铝线可以通过的电流相同。例如，2.5mm^2 的铜线可以代替 4mm^2 的铝线，4mm^2 的铜线可以代替 6mm^2 的铝线。这个估算口诀简单易记，估算的安全载流量与实际非常接近，对人们选择导线很有帮助。如果知道了负荷的电流，就可很快算出使用多大截面积的导线。

> **读一读**
>
> **快速计算家用电器的额定电流**
>
> 各种负荷电流可由下列式子计算：

单相纯电阻电路	$I=P/U$
单相含电感电路	$I=P/(U\cos\varphi)$
三相纯电阻电路	$I=P/(\sqrt{3}\,U)$
三相含电感电路	$I=P/(\sqrt{3}\,U\cos\varphi)$

式中：P——负荷功率，W；
$\qquad U$——三相电源的线电压，V；
$\qquad \cos\varphi$——功率因数。

5.2.2　导线的连接与修复

1. 导线连接

导线连接是电工作业的一项基本工序，也是一项十分重要的工序。导线连接的质量直接关系到整个线路能否安全可靠地长期运行。导线连接的基本要求是连接牢固可靠、接头电阻小、机械强度高、耐腐蚀耐氧化、电气绝缘性能好。

需连接的导线种类和连接形式不同，其连接的方法也不同。连接前应小心地剥除导线连接部位的绝缘层，注意不可损伤其芯线。

（1）单股铜导线的直接连接

先将两导线的芯线线头做 X 形交叉，再将它们相互缠绕 2～3 圈后扳直两线头，然后将每个线头在另一芯线上紧贴密绕 5～6 圈后剪去多余线头即可，如图 5.2.2 所示。

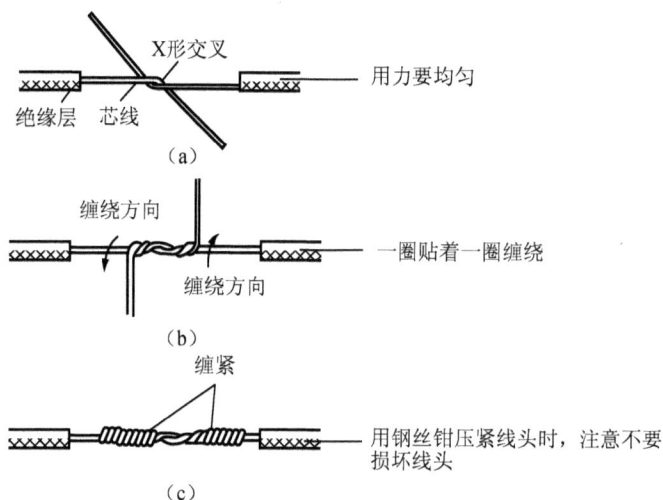

图 5.2.2　单股铜导线直接连接方法

（2）单股铜导线的分支连接

将支路芯线的线头紧密缠绕在干路芯线上 5～8 圈后剪去多余线头即可；对于较小截面的芯线，可先将支路芯线的线头在干路芯线上打一个环绕结，再紧密缠绕 5～8 圈后剪去多余线头即可，如图 5.2.3 所示。

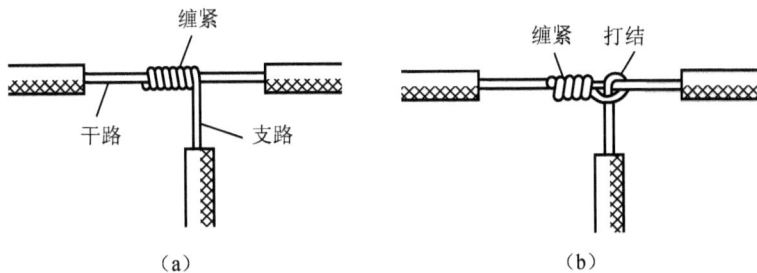

（a）　　　　　　　　　　　　　　（b）

图 5.2.3　单股铜导线分支连接方法

（3）多股铜导线的直接连接

如图 5.2.4 所示，首先将剥去绝缘层的多股芯线拉直，将其靠近绝缘层的约 1/3 芯线绞合拧紧，而将其余 2/3 芯线成伞状散开，另一根需连接的导线芯线也如此处理；接着将两伞状芯线相对着互相插入后捏平芯线；然后将每一边的芯线线头分作三组，先将某一边的第一组线头翘起并紧密缠绕在芯线上，再将第二组线头翘起并紧密缠绕在芯线上，最后将第三组线头翘起并紧密缠绕在芯线上。以同样的方法缠绕另一边线头。

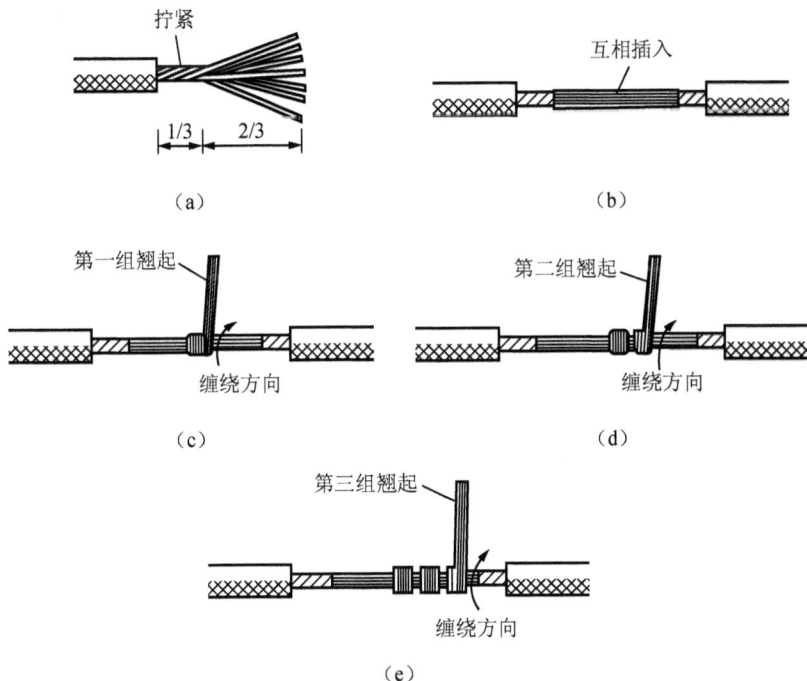

（a）　　　　　　　　　　　　　　（b）

（c）　　　　　　　　　　　　　　（d）

（e）

图 5.2.4　多股铜导线直接连接方法

（4）多股铜导线的分支连接

多股铜导线的 T 字分支连接有两种方法，一种方法如图 5.2.5 所示，将支路芯线 90° 折弯后与干路芯线并行，然后将线头折回并紧密缠绕在芯线上即可。另一种方法如图 5.2.6 所示。将支路芯线靠近绝缘层的约 1/8 芯线绞合拧紧，其余 7/8 芯线分为两组，如图 5.2.6（a）所示。一组插入干路芯线当中，另一组放在干路芯线前面，并朝右边按图 5.2.6（b）所示方向缠绕 4～5 圈。再将插入干路芯线当中的那一组朝左边按图 5.2.6（c）所示方向缠绕 4～5 圈，连接好的导线如图 5.2.6（d）所示。

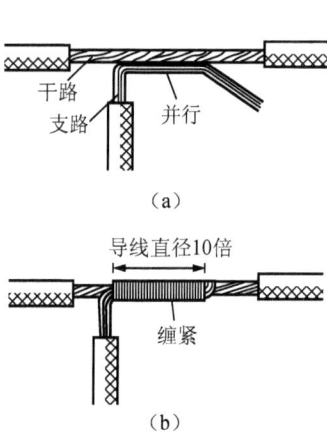

图 5.2.5　多股铜导线分支连接方法（一）　　图 5.2.6　多股铜导线分支连接方法（二）

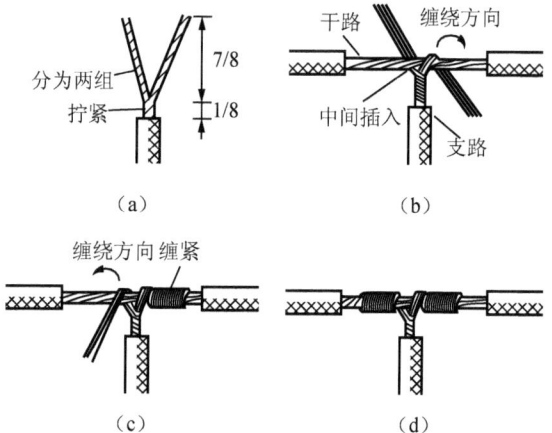

2. 导线修复

为了进行连接，导线连接处的绝缘层已被去除。导线连接完成后，必须对所有绝缘层已被去除的部位进行绝缘处理，以恢复导线的绝缘性能，恢复后的绝缘强度应不低于导线原有的绝缘强度。

导线连接处的绝缘处理通常采用绝缘胶带进行缠裹包扎。一般电工常用的绝缘带有黄蜡带、涤纶薄膜带、黑胶布带、塑料胶带、橡胶胶带等。绝缘胶带的宽度常用 20mm 的，因其使用较为方便。

（1）直接连接的导线接头的绝缘处理

先包缠一层黄蜡带，再包缠一层黑胶布带。将黄蜡带从接头左边绝缘完好的绝缘层上开始包缠，包缠两圈后进入剥除了绝缘层的芯线部分［图 5.2.7（a）］。包缠时黄蜡带应与导线成 55° 左右倾斜角，每圈压叠带宽的 1/2 ［图 5.2.7（b）］，直至包缠到接头右边两圈距离的完好绝缘层处。然后将黑胶布带接在黄蜡带的尾端，按另一斜叠方向从右向左包缠 ［图 5.2.7（c）、（d）］，仍每圈压叠带宽的 1/2，直至将黄蜡带完全包缠住。包缠处理中应用力拉紧胶带，注意不可稀疏，更不能露出芯线，以确保绝缘质量和用电安全。对于 220V 线路，也可不用黄蜡带，只用黑胶布带或塑料胶带包缠两层。在潮湿场所应使用聚氯乙烯绝缘胶带或涤纶绝缘胶带。另外，最好用锋利的工具截断黄蜡带和黑胶布带并做好封口。

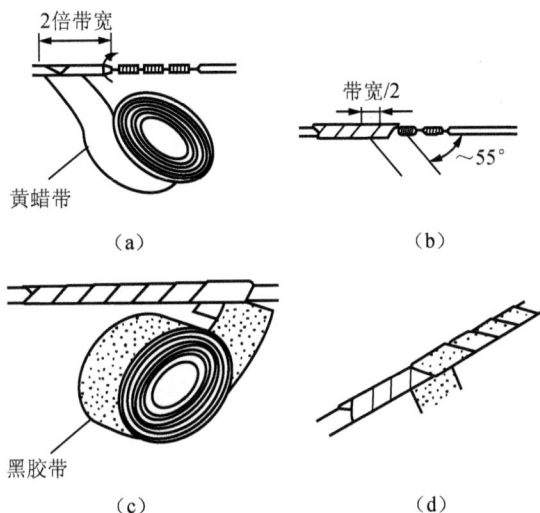

图 5.2.7　直接连接的绝缘处理

（2）分支连接的导线接头的绝缘处理

导线分支接头的绝缘处理基本方法同上，T 字分支接头的包缠方向如图 5.2.8 所示，走一个 T 字形的来回，使每根导线上都包缠两层绝缘胶带，每根导线都应包缠到完好绝缘层的 2 倍胶带宽度处。

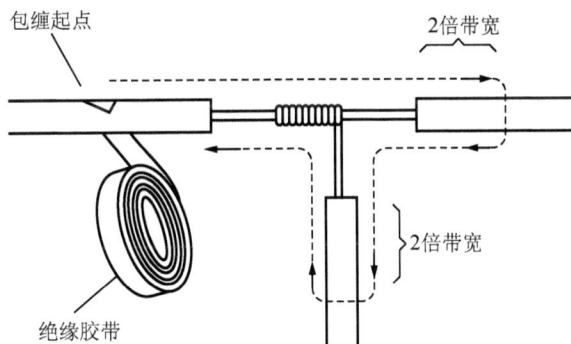

图 5.2.8　分支连接的绝缘处理

做一做

请大家按照老师示范的方法练习导线的连接。

5.3

家居照明常用元器件

5.3.1 灯具

灯具是指能透光、分配和改变光源光分布的器具，包括除光源外所有用于固定和保护光源所需的全部零部件，以及与电源连接所必需的线路附件。

1. 吊灯

吊灯适合于客厅。吊灯的花样最多，常用的有欧式烛台吊灯、水晶吊灯、中式吊灯、羊皮纸吊灯、时尚吊灯、锥形罩花灯、尖扁罩花灯、束腰罩花灯、五叉圆球吊灯、玉兰罩花灯、橄榄吊灯等，如图 5.3.1 所示。用于居室的分单头吊灯和多头吊灯两种，前者多用于卧室、餐厅；后者宜装在客厅里。吊灯的安装高度，其最低点离地面应不小于 2.2m。

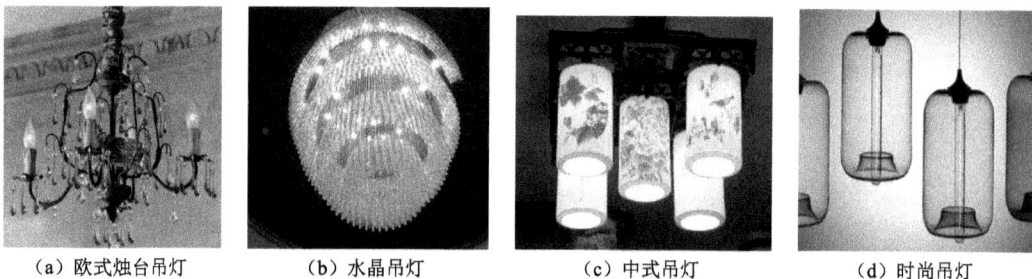

| （a）欧式烛台吊灯 | （b）水晶吊灯 | （c）中式吊灯 | （d）时尚吊灯 |

图 5.3.1　各式各样的吊灯

2. 吸顶灯

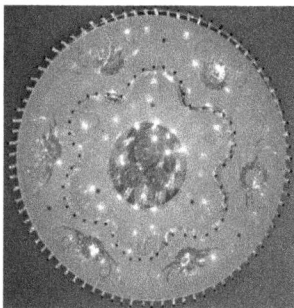

图 5.3.2　吸顶灯

吸顶灯常用的有方罩吸顶灯、圆球吸顶灯、尖扁圆吸顶灯、半圆球吸顶灯、半扁球吸顶灯、小长方罩吸顶灯等。吸顶灯适合于客厅、卧室、厨房、卫生间等处照明。

吸顶灯可直接装在天花板上，如图 5.3.2 所示，安装简易，款式简单大方，赋予空间清朗明快的感觉。

吸顶灯有带遥控和不带遥控两种，带遥控的吸顶灯开关方便，适合用于卧室中。吸顶灯的灯罩材质一般是塑料、有机玻璃，玻璃灯罩很少。

3. 落地灯

　　落地灯常用作局部照明，不讲全面性，而强调移动的便利，对于角落气氛的营造十分实用。落地灯的采光方式若是直接向下投射，适合阅读等需要精神集中的活动；若是间接照明，可以调整整体的光线变化，如图5.3.3所示。

　　落地灯一般放在沙发拐角处，落地灯的灯光柔和，晚上看电视时，效果很好。落地灯的灯罩材质种类丰富，消费者可根据自己的喜好选择。许多人喜欢带小台面的落地灯，因为可以把固定电话放在小台面上。

4. 壁灯

　　壁灯适合于卧室、卫生间照明。常用的有双头玉兰壁灯、双头橄榄壁灯、双头鼓形壁灯、双头花边杯壁灯、玉柱壁灯、镜前壁灯等，如图5.3.4所示。壁灯的安装高度，其灯泡离地面应不小于1.8m。

图5.3.3　落地灯

图5.3.4　壁灯

　　选壁灯主要看结构、造型，一般机械成型的较便宜，手工的较贵。铁艺锻打壁灯、全铜壁灯、羊皮壁灯等都属于中高档壁灯，其中铁艺锻打壁灯销量最好。除此之外，还有一种带灯带画的数码万年历壁挂灯，这种壁挂灯有照明、装饰作用，又能作日历，很受消费者欢迎。

5. 台灯

　　台灯（图5.3.5）按材质分，有陶瓷灯、木灯、铁艺灯、铜灯、树脂灯、水晶灯等；按功能分，有护眼台灯、装饰台灯、工作台灯等；按光源分有灯泡、插拔灯管、灯珠台灯等。

　　选择台灯主要看电子配件质量和制作工艺，一般小厂家台灯的电子配件质量较差，制作工艺水平较低，所以消费者要选择大厂家生产的台灯。一般客厅、卧室等用装饰台灯，工作台、学习台用节能护眼台灯，但节能灯不能调光。

6. 筒灯

筒灯一般装设在卧室、客厅、卫生间的周边天棚上，如图 5.3.6 所示。这种嵌装于天花板内部的隐置性灯具，所有光线都向下投射，属于直接配光，可以用不同的反射器、镜片、百叶窗、灯泡来取得不同的光线效果。筒灯不占据空间，可增加空间的柔和气氛，如果想营造温馨的感觉，可试着装设多盏筒灯，以减轻空间的压迫感。

图 5.3.5　台灯

图 5.3.6　筒灯

筒灯的主要问题出在灯口上，有的质量不好的筒灯的灯口不耐高温，易变形，导致灯泡拧不下来。所有灯具只有通过 3C 认证后才能销售，消费者要选择通过 3C 认证的筒灯。

7. 射灯

射灯可安置在吊顶四周或家具上部，也可置于墙内、墙裙或踢脚线里，如图 5.3.7 所示。光线直接照射在需要强调的家什器物上，以突出主观审美作用，达到重点突出、环境独特、层次丰富、气氛浓郁、缤纷多彩的艺术效果。射灯光线柔和，雍容华贵，既可对整体照明起主导作用，又可局部采光，烘托气氛。

图 5.3.7　射灯

射灯分低压和高压两种，最好选低压射灯，其寿命长一些，光效高一些。射灯的光效高低以功率因数体现，功率因数越大光效越好。普通射灯的功率因数在 0.5 左右，价格便宜；优质射灯的功率因数能达到 0.99，价格稍贵。

8. 浴霸

浴霸按取暖方式分为灯泡红外线取暖浴霸和暖风机取暖浴霸，市场上主要是灯泡红外线取暖浴霸。浴霸按功能分有三合一浴霸和二合一浴霸，三合一浴霸有照明、取暖和排风功能，如图 5.3.8 所示；二合一浴霸只有照明和取暖功能。浴霸按安装方式分暗装浴霸、明装浴霸和壁挂式浴霸。暗装浴霸比较漂亮，明装浴霸直接装在顶上，一般不能采用暗装浴霸和明装浴霸的才选择壁挂式浴霸。

9. 节能灯

节能灯的亮度、寿命比一般的白炽灯优越，尤其在省电上口碑极佳。节能灯有 U 形、螺旋形、花瓣形，如图 5.3.9 所示。功率从 3～40W 不等。不同型号、不同规格、不同产地的节能灯价格相差很大。筒灯、吊灯、吸顶灯等灯具中一般都能安装节能灯。节能灯一般不适合在高温、高湿环境下使用，浴室和厨房应尽量避免使用节能灯。

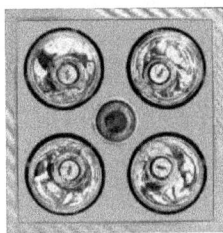

图 5.3.8　三合一浴霸　　　　　　　　图 5.3.9　花瓣形节能灯

5.3.2　断路器

1. 主要分类

断路器按极数分，有单极断路器、二极断路器、三极断路器和四极断路器等，如图 5.3.10 所示。一般而言，家庭主要选用单极断路器和二极断路器，企业主要选用三极断路器和四极断路器。

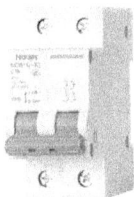
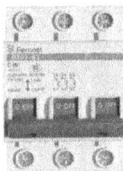
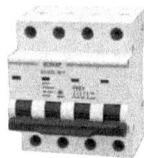

（a）单极断路器　　　　（b）二极断路器　　　　（c）三极断路器　　　　（d）四极断路器

图 5.3.10　各种极数的断路器

断路器按用途分，有塑壳断路器、高分断小型断路器、漏电断路器，如图 5.3.11 所示。

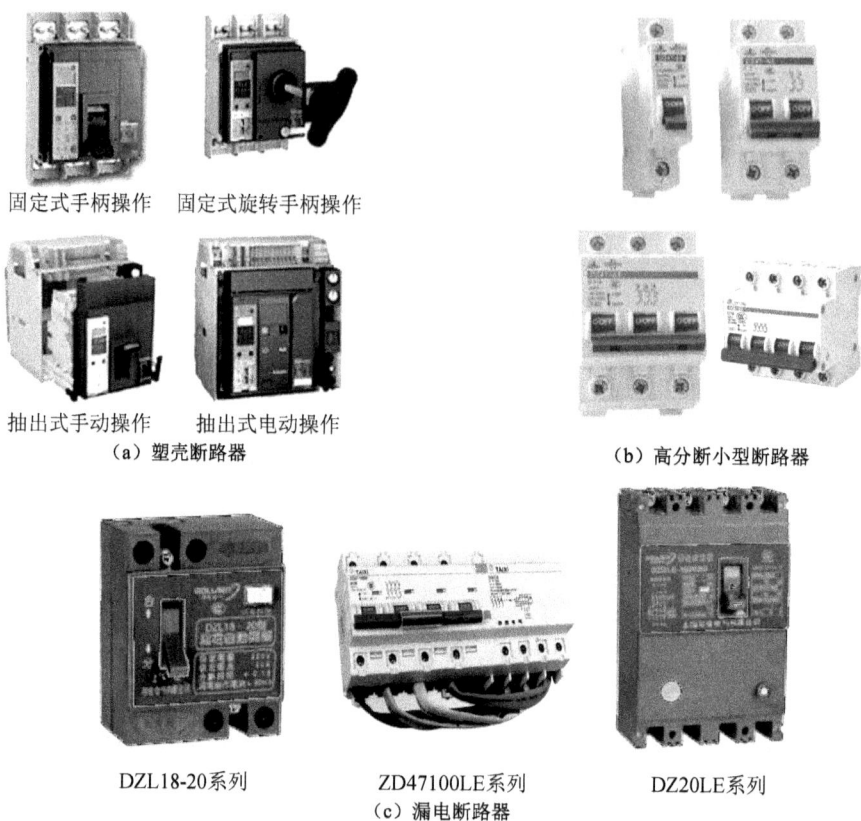

固定式手柄操作　　固定式旋转手柄操作

抽出式手动操作　　抽出式电动操作
（a）塑壳断路器

（b）高分断小型断路器

DZL18-20系列　　　ZD47100LE系列　　　DZ20LE系列
（c）漏电断路器

图 5.3.11　各种不同用途的断路器

塑壳断路器用于分配电能和保护电路及电源设备的过载和短路，以及正常工作条件下作不频繁分断和接通电力线路之用。

高分断小型断路器适用于线路和电动机的过载、短路保护，当线路发生过载和短路时，断路器会在 0.01s 内切断电源，对线路起到保护作用，同时可作为不频繁转换和不频繁起动之用。

漏电断路器由高分断小型断路器与相配套的漏电附件相连接组成，漏电附件单独不能使用。它不仅对线路的过载、短路实现保护，而且当人身触电、线路漏电超过额定值时，漏电断路器能在 0.001s 内自动切断电源，保证人身安全，防止发生因泄露电流造成的事故。

2. 断路器的结构及工作原理

断路器俗称空气开关，主要由端子操作机构、动触头、静触头、保护装置（各类脱扣器）、灭弧系统等组成，其结构剖面如图 5.3.12（a）所示，工作原理及电器符号如图 5.3.12（b）所示。

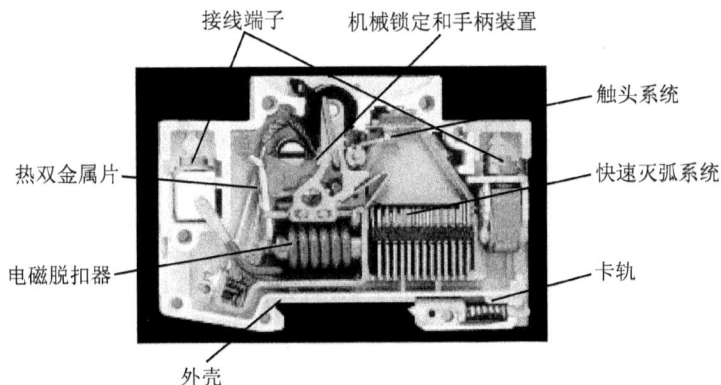

（a）断路器结构剖面

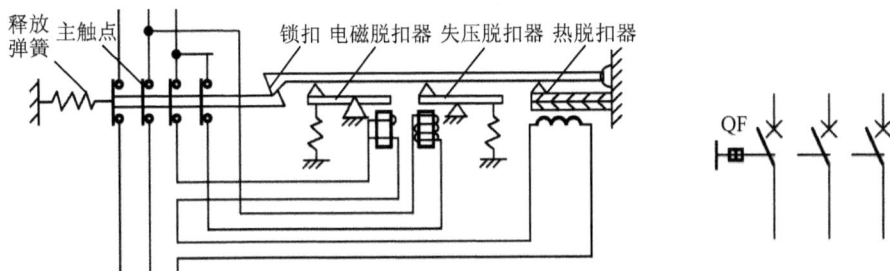

（b）断路器工作原理与电器符号

图 5.3.12　断路器结构剖面、工作原理及电器符号

当线路发生过载时，过载电流流过热元件产生一定的热量，使双金属片受热向上弯曲，通过杠杆推动搭钩与锁扣脱开，在反作用弹簧的推动下，动、静触头分开，从而切断电路，使线路设备不致因过载而烧毁。

当线路发生短路故障时，短路电流超过电磁脱扣器的瞬时脱扣整定电流，电磁脱扣器产生足够大的吸力将衔铁吸合，通过杠杆推动搭钩与锁扣分开，从而切断电路，实现断路保护。

3. 家用断路器的配置与安装

家用断路器的额定电流有 10A、16A、20A、25A、32A、40A、63A。

配置方法：10A 适用于照明线路；16A 适用于插座线路、小功率电器；25A 适用于壁挂空调等大功率电器；32A 以上适用于柜式空调等更大功率的电器。

安装方法：

1）家用断路器应垂直于配电板安装，电源引线应接到上端，负载引线接到下端。

2）家用断路器用作电源总开关或电动机的控制开关时，在电源进线侧必须加装刀开关或熔断器等，以形成明显的断开点。

3）家用断路器在使用前应将脱扣器工作面的防锈油脂擦干净；各脱扣器动作值一经调整好，不允许随意变动，以免影响其动作值。

4）使用过程中若遇分断短路电流，应及时检查触头系统；若发现电灼烧痕，应及时修理或更换。

5）断路器上的积尘应定期清除，并定期检查各脱扣器动作值，给操作机构润滑剂。

5.3.3 开关

1. 主要分类

开关按用途可分为波动开关、波段开关、录放开关、电源开关、预选开关、限位开关、控制开关、转换开关、隔离开关、行程开关、墙壁开关、智能防火开关等。

开关按结构可分为微动开关、船形开关、钮子开关、拨动开关、按钮开关、按键开关，还有时尚潮流的薄膜开关、点开关。

开关按接触类型可分为 a 型触点开关、b 型触点开关和 c 型触点开关三种。接触类型是指"操作（按下）开关后，触点闭合"这种操作状况和触点状态的关系。在使用时需要根据用途选择合适接触类型的开关。

开关按开关数可分为单控开关、双控开关、多控开关等。

2. 基本结构

最简单的开关有两片名为"触点"的金属，两触点接触时电流形成回路，两触点不接触时形成开路。选用接点金属时需考虑其耐腐蚀的程度，因为大多数金属氧化后会形成绝缘的氧化物，使接点无法正常工作。选用接点金属时还需考虑其电导率、硬度、机械强度、成本及是否有毒等因素。有时会在接点上电镀耐腐蚀金属。一般会镀在接点的接触面，以避免因氧化物而影响其性能。有时接触面也会使用非金属的导电材料，如导电塑胶。开关中除了接点之外，也会有可动件使接点导通或不导通。开关可依可动件的不同为分为杠杆开关、按键开关、船形开关等，而可动件也可以是其他形式的机械连杆。

3. 主要参数

额定电压：指开关在正常工作时所允许的安全电压，加在开关两端的电压大于此值，会造成两个触点之间打火击穿。

额定电流：指开关接通时所允许通过的最大安全电流，当超过此值时，开关的触点会因电流过大而烧毁。

绝缘电阻：指开关的导体部分与绝缘部分的电阻值，绝缘电阻值应在 $100M\Omega$ 以上。

接触电阻：指开关在接通状态下，每对触点之间的电阻值。一般要求在 0.5Ω 以下，此值越小越好。

耐压：指开关对导体及地之间所能承受的最高电压。

寿命：指开关在正常工作条件下能操作的次数。一般要求在 5000～35 000 次。

4. 常见种类

（1）延时开关

延时开关是将继电器安装于开关之中，延时开关电路的一种开关。延时开关又分为声控延时开关、光控延时开关、触摸式延时开关等。图 5.3.13 所示为触摸式延时开关。

（2）轻触开关

轻触开关如图 5.3.14 所示。使用时轻轻点按开关按钮就可使开关接通，当松开手时开关即断开，它是靠金属弹片受力弹动来实现通断的，如 IKI 系列轻触开关。

（3）光电开关

光电开关是传感器大家族中的成员，如图 5.3.15 所示。它把发射端和接收端之间光的强弱变化转化为电流的变化，以达到探测目的。由于光电开关输出回路和输入回路是电隔离的（即电绝缘），因此其可以在许多场合得到应用。

（4）接近开关

接近开关又称无触点行程开关，如图 5.3.16 所示。它除可以完成行程控制和限位保护外，还是一种非接触型的检测装置，用来检测零件尺寸和测速等，也可用于变频计数器、变频脉冲发生器、液面控制和加工程序的自动衔接等。其特点是工作可靠、寿命长、功耗低、复定位精度高、操作频率高，以及适应恶劣的工作环境等。

图 5.3.13　触摸式延时开关

图 5.3.14　轻触开关

图 5.3.15　光电开关

图 5.3.16　接近开关

（5）双控开关

双控开关一般应用在楼梯上下层或走道的两头等两个不同的地方，能各自独立控制同一盏电灯的点亮或熄灭，如图 5.3.17 所示。

（6）开关柜

开关柜是一种电设备，如图 5.3.18 所示。外线先进入柜内主控开关，然后进入分控开关，各分路按其需要设置，如仪表、自控、电动机磁力开关、各种交流接触器等，有的还设高压室与低压室开关柜，设有高压母线，如发电厂等，有的还设有保护主要设备的低频减载装置。

图 5.3.17　双控开关

图 5.3.18　开关柜

5.3.4　插座和插头

1. 插座

（1）主要分类

插座按用途可分为民用插座、工业用插座等，再进一步细分，有计算机插座，电话插座，视频、音频插座，USB 插座等。图 5.3.19 所示为各式各样的插座。

图 5.3.19　各式各样的插座

（2）连接方法

1）用验电笔找出相线（俗称火线）。

2）关掉插座电源。

3）将相线接入开关两个孔中的一个孔，再从另一个孔中接出一根 2.5mm^2 绝缘线，在下面的插座三个孔中的 L 孔内接牢。

4）找出中性线（零线）直接在插座三个孔中的 N 孔内接牢。

5）找出接地线直接在插座三个孔中的 E 孔内接牢。

> **小贴士**
>
> 　　中性线、接地线不能接错（一般面对插座"左零右火上接地"），否则插上用电设备，一开就会跳闸。

（3）家居日常选用

1）电源插座应采用经国家有关产品质量监督部门检验合格的产品。一般应采用具有阻燃材料的中高档产品，不应采用低档和伪劣假冒产品。

2）住宅内用电电源插座应采用安全型插座，卫生间等潮湿场所应采用防溅型插座。

3）电源插座的额定电流应大于已知使用设备额定电流的 1.25 倍。一般单相电源插座额定电流为 10A，专用电源插座额定电流为 16A，特殊大功率家用电器其配电回路及连接电源方式应按实际容量选择。

4）为了插接方便，一个 86mm×86mm 的单元面板，其组合插座个数最好为两个，最多（包括开关）不超过三个，否则采用 146 面板多孔插座。

5）对于插接电源有触电危险的家用电器（如洗衣机），应采用带开关断开电源的插座。

6）在比较潮湿的场所，安装插座的同时应安装防水盒。

（4）要求

电源插座的位置与数量对家用电器的方便使用、室内装修的美观起着重要的作用。电源插座的布置应根据室内家用电器点和家具的规划位置进行，并应密切注意与建筑装修等相关专业配合，以便确定插座位置的正确性。

1）电源插座应安装在不少于两个对称墙面上，每个墙面两个电源插座之间的水平距离不宜超过 3m，距端墙的距离不宜超过 0.6m。

2）无特殊要求的普通电源插座距地面 0.3m 安装，洗衣机专用插座距地面 1.6m 处安装，并带指示灯和开关。

3）空调器应采用专用带开关电源插座。在明确采用某种空调器的情况下，空调器电源插座宜按下列位置布置：

① 分体式空调器电源插座宜根据出线管预留洞位置距地面 1.8m 处设置。

② 窗式空调器电源插座宜在窗口旁距地面 1.4m 处设置。

③ 柜式空调器电源插座宜在相应位置距地面 0.3m 处设置，否则按分体式空调器考虑预留 16A 电源插座，并在靠近外墙或采光窗附近的承重墙上设置。

4）凡是设有有线电视终端盒或计算机插座的房间，在有线电视终端盒或计算机插座旁至少应设置两个五孔组合电源插座，以满足电视机、VCD、音响功率放大器或计算机的需要，亦可采用多功能组合式电源插座（面板上至少排有 3～5 个不同的二孔和三孔插座），电源插座距有线电视终端盒或计算机插座的水平距离不少于 0.3m。

5）起居室（客厅）是人员集中的主要活动场所，家用电器点多，应根据建筑装修布置图布置插座，并应保证每个主要墙面都有电源插座。如果墙面长度超过 3.6m，应增加插座数量；墙面长度小于 3m，电源插座可在墙面中间位置设置。有线电视终端盒和计算机插座旁设有电源插座，并设有空调器电源插座，起居室内应采用带开关的电源插座。

6）卧室应保证两个主要对称墙面均设有组合电源插座。床端靠墙时床的两侧应设置组合电源插座，并设有空调器电源插座。在有线电视终端盒和计算机插座旁应设有两组组合电源插座，单人卧室只设计算机用电源插座。

7）书房除放置书柜的墙面外，应保证两个主要墙面均设有组合电源插座，并设有空调器电源插座和计算机电源插座。

8）厨房应根据建筑装修的布置，在不同的位置、高度设置多处电源插座以满足抽油烟机、消毒柜、微波炉、电饭煲、电热水器、电冰箱等多种电炊具设备的需要。参考灶台、操作台、案台、洗菜台布置选取最佳位置设置抽油烟机插座，一般距地面 1.8～2m。电热水器应选用 16A 带开关三线插座，并在其右侧距地 1.4～1.5m 处安装，注意不要将插座设在电热水器上方。其他电炊具电源插座在吊柜下方或操作台上方之间不同位置、不同高度设置，插座应带电源指示灯和开关。厨房内设置电冰箱时应设专用插座，距地 0.3～1.5m 安装。

9）严禁在卫生间内的潮湿处（如淋浴区或澡盆）附近设置电源插座，其他区域设置的电源插座应采用防溅式。有外窗时，应在外窗旁预留排气扇接线盒或插座，由于排气风道一般在淋浴区或澡盆附近，所以接线盒或插座应距地面 2.25m 以上安装。距淋浴区或澡盆外沿 0.6m 外预留电热水器插座和洁身器用电源插座。在盥洗台镜旁设置美容用和剃须用电源插座，距地面 1.5～1.6m 处安装。插座宜带开关和指示灯。

10）阳台应设置单相组合电源插座，距地面 0.3m。

（5）位置选择

插座位置处理不当，如果在卧室、客厅，可能会影响家具摆放；如果在卫生间、厨房，可能就要刨砖了。除非是计算精确的位置，否则，大家记住一点：让插座尽可能靠边，这一般不会出错。如果插座的位置留得不当不正，就有可能与后期的家具摆放或者电器安装发生冲突。

带开关插座的位置选择问题主要考虑两点：一个是家用电器的"待机耗电"，另一个是方便使用。例如，家里用了五个带开关插座，位置依次是洗衣机插座、电热水器插座、书房计算机连插线板插座、厨柜台面两个备用插座。

1）几乎所有的家用电器都有待机耗电。所以，为了避免频繁插拔，类似于洗衣机插座、电热水器插座这类使用频率相对较低的电器可以考虑用带开关插座。

2）如果觉得电饭锅、电热水壶这类电器两次任务之间插来拔去很麻烦，可以考虑在厨柜台面的备用插座中使用带开关插座。

3）书房计算机连一个插线板基本可以解决计算机那一大串插头了，为了避免每天到写字台下面按插线板电源，可在书桌对面安装一个带开关插座。

2. 插头

插头按功能可分为耳机插头、dc 插头、音频插头、USB 插头、视频插头、麦克风插头、充电器插头、手机插头等。图 5.3.20 所示为各式各样的插头。

国际上把家用电器分为三大类：一类电器是指只有一层绝缘措施的电器，这类电器必须加漏电保护器和接地保护（也就是要三脚插头），如空调、机床、电机等；二类电器有双层绝缘措施，要加漏电保护器，可以不用接地保护（也就是可以用两脚插头），如电视、电风扇、台灯、电磁炉、电陶炉等；三类电器是使用安全电压的电器，一般为 12～36V 的电器。

图 5.3.20　各式各样的插头

做一做

在实训室利用万用表的欧姆挡检测出双控开关的公共端。

检测提示：一般面板上会标示 L、L1、L2，L 就是公共端，如图 5.3.21 所示。

图 5.3.21　有标示双控面板

如果没有标示或标示不准确就用万用表通断测量，无论开关都不会连通的两个端子是双控开关间两根串联线的接线端，另外一个自然是公共端。

5.4

家居常用照明电路安装

5.4.1　照明电路安装知识

1. 白炽灯的介绍及使用

白炽灯为热辐射光源，是靠电流加热灯丝至白炽状态而发光的。白炽灯有普通照明灯和低压照明灯两种。普通灯额定电压一般为220V，功率为10～1000W，灯头有卡口和螺口之分，其中100W以上者一般采用瓷质螺纹灯口，用于常规照明。低压灯额定电压为6～36V，功率一般不超过100W，用于局部照明和携带照明。

白炽灯由玻璃泡壳、灯丝、支架、引线、灯头等组成。在非充气式灯泡中，玻璃泡内抽成真空；在充气式灯泡中，玻璃泡内抽成真空后再充入惰性气体。

白炽灯照明电路由负荷、开关、导线及电源组成。安装方式一般为悬吊式、壁式和吸顶式。悬吊式又分为软线吊灯、链式吊灯和钢管吊灯。白炽灯在额定电压下使用时，其寿命一般为1000h，当电压升高5%时寿命将缩短50%；电压升高10%时，其发光率提高17%，而寿命缩短到原来的28%。反之，当电压降低20%时，其发光率降低37%，但寿命增加一倍。因此，灯泡的供电电压以低于额定值为宜。

2. 白炽灯照明电路的安装

白炽灯安装的主要步骤与工艺要求如下：

1）木台的安装。先在准备安装挂线盒的地方打孔，预埋木枕或膨胀螺栓，然后在木台底面用电工刀刻两条槽，木台中间钻三个小孔，最后将两根电源线端头分别嵌入圆木的两条槽内，并从两边小孔穿出，通过中间小孔用木螺钉将圆木固定在木枕上。

2）挂线盒的安装。将木台上的电源线从线盒底座孔中穿出，用木螺钉将挂线盒固定在木台上，然后将电源线剥去2mm左右的绝缘层，分别旋紧在挂线盒接线柱上，并从挂线盒的接线柱上引出软线，软线的另一端接到灯座上，由于挂线螺钉不能承担灯具的自重，因此在挂线盒内应将软线打个线结，使线结卡在盒盖和线孔处。打结的方法如图5.4.1（a）所示。

3）灯座的安装。旋下灯头盖子，将软线下端穿入灯头盖中心孔，在离线头30mm处照上述方法打一个结，然后把两个线头分别接在灯头的接线柱上并旋上灯头盖子，如图5.4.1（b）所示。如果是螺口灯头，相线应接在与中心铜片相连的接线柱上，否则易发生触电事故。

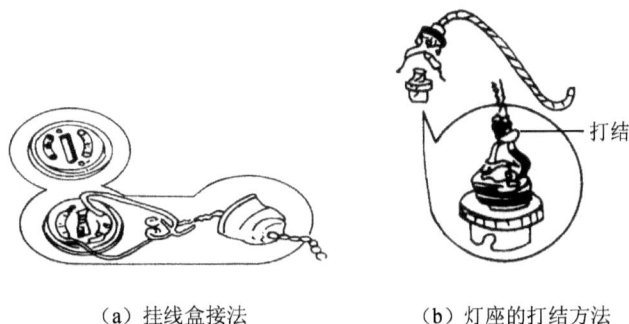

（a）挂线盒接法 　　　　　　（b）灯座的打结方法

图 5.4.1　挂线盒的安装

3. 开关控制线路的原理

照明线路由电源、导线、开关和照明灯组成。在日常生活中，可以根据不同的工作需要，用不同的开关来控制照明灯具。通常用一个开关来控制一盏或多盏照明灯。有时也可以用多个开关来控制一盏照明灯，如楼道灯的控制等，以实现照明电路控制的灵活性。

用一只单联开关控制一盏灯，如图 5.4.2 所示。开关必须接在相线端。转动开关至"开"，电路接通，灯亮；转动开关至"关"，电路断开，灯熄灭，灯具不带电。

4. 开关的安装

开关不能安装在中性线上，必须安装在灯具电源侧的相线上，确保开关断开时灯具不带电。开关的安装分明、暗两种方式。明开关安装时，应先敷设线路；再在装开关处打好木枕，固定木台，并在木台上装好开关底座；然后接线。暗开关安装时，先将开关盒按施工图要求位置预埋在墙内，开关盒外口应与墙的粉刷层在同一平面上；再在预埋的暗管内穿线；然后根据开关板的结构接线；最后将开关板用木螺钉固定在开关盒上，如图 5.4.3 所示。

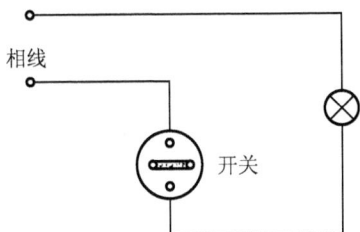

图 5.4.2　一控一照明灯电气原理图

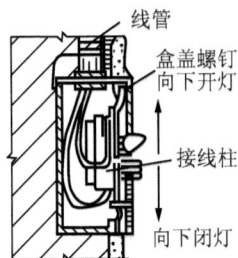

图 5.4.3　暗开关的安装

安装扳动式开关时，无论是明装或暗装，都应装成扳柄向上扳时电路接通，扳柄向下扳时电路断开。安装拉线开关时，应使拉线自然下垂，方向与拉向保持一致，否则容易磨断拉线。

5. 插座的安装

插座的种类很多，按安装位置分，有明插座和暗插座；按电源相数分，有单相插座和三相插座；按插孔数分，有两孔插座和三孔插座。目前新型的多用组合插座或接线板更是品种繁多，将两眼与三眼、插座与开关、开关与安全保护等合理地组合在一起，既安全又美观，在家庭和宾馆中具有广泛应用。

普通的单相两孔插座、三孔插座的安装方法如图 5.4.4 所示。安装时，插线孔必须按一定顺序排列。单相两孔插座在两孔垂直排列时，相线在上孔，中性线（零线）在下孔；水平排列时，相线在右孔，中性线在左孔。对于单相三孔插座，保护接地（保护接零）线在上孔，相线在右孔，中性线在左孔。电源电压不同的邻近插座，安装完毕后，都要有明显的标志，以便使用时识别。

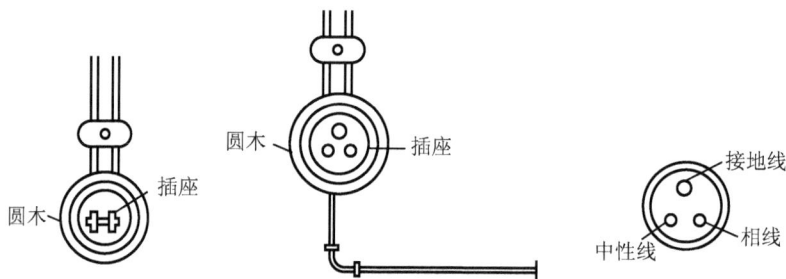

图 5.4.4　插座的安装

小贴士

1. 相线和中性线应严格区分，将中性线直接接到灯座上，相线经过开关再接到灯头上。对螺口灯座，相线必须接在螺口灯座中心的接线端上，中性线接在螺口的接线端上，千万不能接错，否则就容易发生触电事故。

2. 用双股棉织绝缘软线时，有花色的一根导线接相线，没有花色的导线接中性线。

3. 导线与接线螺钉连接时，先将导线的绝缘层剥去合适的长度，再将导线拧紧以免松动，最后环成圆扣。圆扣的方向应与螺钉拧紧的方向一致，否则旋紧螺钉时，圆扣就会松开。

4. 当灯具需接地（或中性线）时，应采用单独的接地导线（如黄绿双色）接到电网的中性线干线上，以确保安全。

5.4.2　照明电路常见故障及处理方法

表 5.4.1 所示为照明电路常见故障及处理方法。

表 5.4.1　照明电路常见故障及处理方法

序号	故障现象	故障原因	处理方法
1	灯泡不亮	1. 灯丝烧断 2. 灯丝引线焊点开焊 3. 灯头或开关接线松动、触片变形、接触不良 4. 线路断线 5. 电源无电或灯泡与电源电压不相符，电源电压过低，不足以使灯丝发光 6. 行灯变压器一、二次绕组断路或熔丝熔断，使二次侧无电压 7. 熔丝熔断、自动开关跳闸 （1）灯头绝缘损坏 （2）多股导线未拧紧，未刷锡引起短路 （3）螺纹灯头，顶芯与螺口相碰短路 （4）导线绝缘损坏引起短路 （5）负荷过大，熔丝熔断	1. 更换灯泡 2. 重新焊好焊点或更换灯泡 3. 紧固接线，调整灯头或开关的触点 4. 找出断线处进行修复 5. 检查电源电压，选用与电源电压相符的灯泡 6. 找出断路点进行修复或重新绕制线圈或更换熔丝 7. 判断熔丝熔断及断路器跳闸原因，找出故障点并做相应处理
2	灯泡忽亮忽暗或熄灭	1. 灯头、开关接线松动，或触点接触不良 2. 熔断器触点与熔丝接触不良 3. 电源电压不稳定，或有大容量设备起动或超负荷运行 4. 灯泡灯丝已断，但断口处距离很近，灯丝晃动后忽接忽断	1. 紧固压线螺钉，调整触点 2. 检查熔断器触点和熔丝，紧固熔丝压接螺钉 3. 检查电源电压，调整负荷 4. 更换灯泡
3	灯光暗淡	1. 灯泡寿命快到，泡内发黑 2. 电源电压过低 3. 有地方漏电 4. 灯泡外部积垢 5. 灯泡额定电压高于电源电压	1. 更换灯泡 2. 调整电源电压 3. 查看电路，找出漏电原因并排除 4. 去垢 5. 选用与电源电压相符的灯泡
4	灯泡通电后发出强烈白光，灯丝瞬时烧断	1. 灯泡有搭丝现象，电流过大 2. 灯泡额定电压低于电源电压 3. 电源电压过高	1. 更换灯泡 2. 选用与电源电压相符的灯泡 3. 调整电源电压
5	灯泡通电后立即冒白烟，灯丝烧断	灯泡漏气	更换灯泡

5.5

实践活动：一（二）开关控制一白炽灯电路的安装

1. 实训目的

1）会安装一（二）开关控制一白炽灯电路。
2）会检测并排除一（二）开关控制一白炽灯电路的故障。

2. 实训器材

十字形螺丝刀、一字形螺丝刀、尖嘴钳、剥线钳、木制电工接线板、万用表、圆胶膜、灯头、铝芯线。

3. 实训内容及步骤

第 1 步　一开关控制一白炽灯电路的安装

01 识读电路图，明确工作原理。

一开关控制一白炽灯电路如图 5.5.1 所示。

该电路的工作原理是当闭合开关 S 时，整个电路形成回路，白炽灯亮；当断开开关 S 时，整个电路形成断路，白炽灯熄灭。

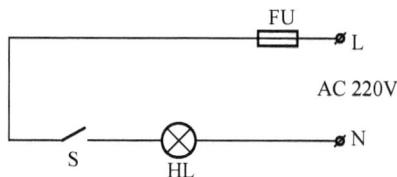

图 5.5.1　一开关控制一白炽灯电路

想一想

图中为什么要加一个熔断器 FU？熔断器的作用是什么？

02 根据电路图选择元器件。

根据一开关控制一白炽灯电路的电路图列出所需的电路元器件，如表 5.5.1 所示。

表 5.5.1　一开关控制一白炽灯电路元器件明细表

符号	元器件名称	型号	规格	数量
S	一位单极开关	S811	16A，250V	1
FU	控制电路熔断器	RL3-15	380V，15A，配熔丝 2A	1
HL	白炽灯	E12	220V，45W	1

小贴士

因为交流电压为 220V 的电源，电压大，如果短路会瞬间烧坏供源的电表、变压器等。熔断器起短路保护作用，在短路的时候只会烧断熔断器的熔丝，让整个电路断路，不能形成回路。

03 根据电路图设计元器件的布置图。

元器件的布置图是根据电气元件在木制电工接线板上的位置绘制的一种简图。元器件布置图中各元器件的文字符号必须与电路图中的保持一致。

04 检测元器件。

安装元器件之前需要进行检测，保证元器件的质量和数量达到要求，以保障电路的运行。为了确保安全，检验元器件的质量应在断电的情况下，用指针万用表欧姆挡检查开关、熔断器、白炽灯是否良好。

05 根据电路图及布置图进行布线。

布线工艺要求：元器件布置合理、匀称、安装可靠，便于走线。按原理图接线，接线规范正确，走线合理，无接点松动、露铜、过长、反圈、压绝缘层等现象。

06 对照原理图检验电路是否短路。

具体方法为取下白炽灯，闭合开关，用万用表 $R \times 1k$ 挡检测接相线和中性线进线端的电阻。如果万用表指针没有偏转，代表电阻无穷大，没有短路，是正确的，反之存在短路错误。

07 通电检测。

在老师的指导下进行通电检测，禁止私自在实训室进行通电测试。

议一议

以小组为单位，讨论如何用指针万用表的欧姆挡在没有通电的情况下检测出电路除短路以外的其他故障（参照实训步骤 06 的内容）。

第 2 步　二开关控制一白炽灯电路的安装

01 识读电路图，明确工作原理。

二开关控制一白炽灯电路如图 5.5.2 所示。

该电路的工作原理是两只双联开关 S、S′ 串联后再与灯座串联。双联开关 S 中，连片 1 接相线，双联开关 S′ 中连片 1′ 接灯座；双联开关 S 中接线端 2 和双联开关 S′ 中接线端 3′ 相连接；双联开关 S 中接线端 3 和双联开关 S′ 中接线端 2′ 相连接；分别构成 A 和 B 两条通路。此时任意拨动双联开关 S 或 S′，均可接通 A、B 中任一条线路而使灯泡发光，即 1 和 2、1′ 和 3′ 相接触，构成 A 路通；或 1 和 3、1′ 和 2′ 相接触，构成 B 路通。再任意拨动双联开关 S 或 S′，A、B 两条线路均断开，灯泡不亮，即 1 和 2、1′ 和 2′ 相接触或 1 和 3、1′ 和 3′ 相接触。

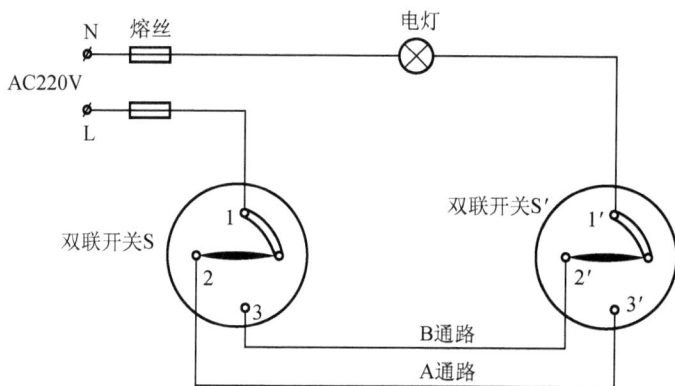

图 5.5.2 二开关控制一白炽灯电路

议一议

以小组为单位分组讨论并列举出二开关控制一白炽灯在实际生活中的实例。

图 5.5.3 所示的一楼与二楼之间的过道灯控制电路即为二开关控制一白炽灯电路的实例。

图 5.5.3 一楼上二楼控制开关电路

02 根据电路图选择元器件。

根据二开关控制一白炽灯电路的电路图列出所需的电路元器件，如表 5.5.2 所示。

表 5.5.2　二开关控制一白炽灯电路元器件明细表

符号	元器件名称	型号	规格	数量
SA	双控开关	S922	16A，250V	2
FU	控制电路熔断器	RL3-15	380V，15A，配熔丝 2A	2
HL	白炽灯	E12	220V，45W	1

下面步骤同"一开关控制一白炽灯电路的安装"，这里不再赘述。

小贴士

1. 接线应认真仔细，安全文明操作。
2. 双联开关内的接线不要接错，以免发生短路事故。
3. 电路发生故障，应先切断电源，然后进行检修。

单 元 检 测

简答题

1. 简述验电笔的使用注意事项。
2. 旧的电烙铁不能"吃锡"应如何处理才能正常焊接？
3. 家居照明电路应如何选择导线？
4. 家居照明电路的灯泡如果出现忽明忽暗的故障，请分析故障原因并阐述解决方法。

6
单元

三相交流电

>>>>>

◎ **知识目标**

- 理解三相正弦交流电的产生。
- 理解三相交流发电机的结构。
- 理解三相交流电的相序。
- 掌握星形联结、三角形联结。

◎ **能力目标**

- 养成良好的学习习惯。
- 能正确检测、运用线电压及相电压。
- 能主动合作交流、自主探究学习。
- 掌握星形联结、三角形联结。

6.1

三相交流电的产生

1. 三相交流发电机的结构

交流电的供电方式有两种，一种是单相交流电，另一种是三相交流电。实际应用中电能的产生、输送和分配几乎都采用三相交流电。和单相交流电相比，三相交流电有很多优势：

1）三相发电机比同体积的单相发电机输出的功率更大。

2）三相发电机结构简单，使用维护方便，且运转时比单相发电机振动小。

3）相同情况下输送相同功率的电能，三相输电比单相输电节省材料。

三相交流电动势是由三相交流发电机产生的。图 6.1.1（a）所示为旋转磁极式三相交流发电机的示意图，它主要由定子和转子组成。转子式电磁铁的表面磁场按正弦规律分布。定子铁心中嵌放三相尺寸、匝数和绕法完全相同的绕组，每相绕组在空间上互成 120°。三相绕组的始端分别用 U_1、V_1、W_1 表示，末端分别用 U_2、V_2、W_2 表示，如图 6.1.1（b）所示。若三个电动势的最大值相等、频率相同、相位互差 120°，则称其为三相对称交流电动势。

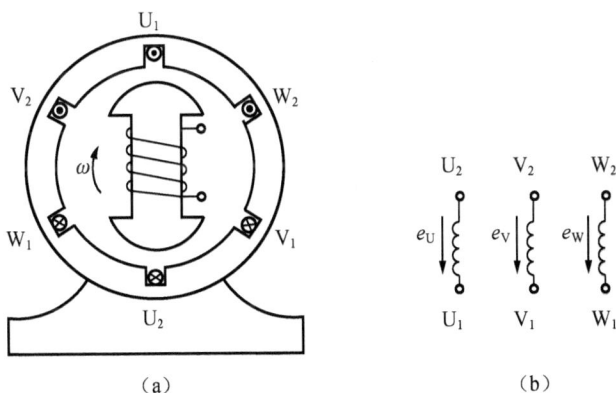

（a）　　　　　　　　　　（b）

图 6.1.1　旋转磁极式三相交流发电机原理示意

当转子绕组在原动力作用下以 ω 的角速度旋转时，三相定子绕组做切割磁感线运动，产生对称的三个交流电动势，其解析表达式为

$$\begin{cases} e_U = E_m \sin \omega t \\ e_V = E_m \sin(\omega t - 120°) \\ e_W = E_m \sin(\omega t + 120°) \end{cases}$$

其对应的波形图和相量图如图 6.1.2 所示。

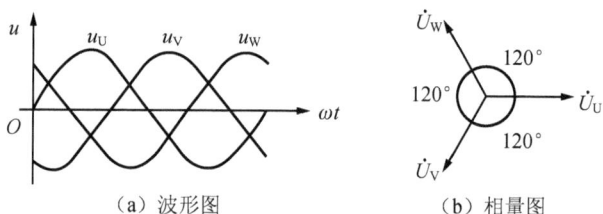

（a）波形图　　　　　　　（b）相量图

图 6.1.2　三相交流电波形图及相量图

做一做

测试三相四线制电动势各相电压、线电压的值，并进行比较。

2. 三相交流电的相序

三个电动势到达最大值或者零值的先后次序称为相序。如图 6.1.3 所示，三个电动势的相序是 U 相－V 相－W 相－U 相，这样的相序称为正序。若到达最大值或者零值的次序是 U 相－W 相－V 相－U 相，则称为负序或逆序。

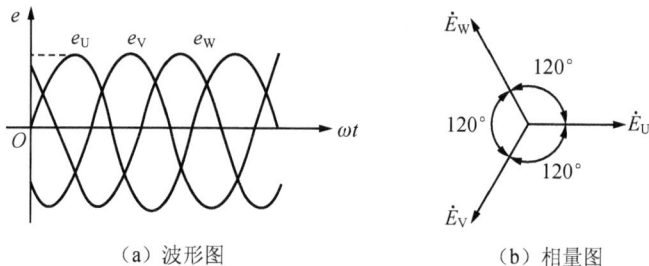

（a）波形图　　　　　　　（b）相量图

图 6.1.3　三相电动势波形与相量图

3. 三相四线制电源

在实际应用中，特别是低压供电系统中，将三相交流发电机定子绕组的三个首端分别引出三根线，称为相线，分别用 U、V、W 表示；三个末端连接在一起引出一根线，称为中性线，一般用 N 表示，如图 6.1.4 所示。由于三相用四根线，所以这种电源称为三相四线制电源。

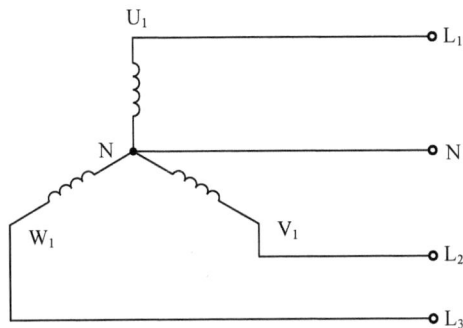

图 6.1.4　三相四线制电源

在实际应用中，三相四线制电源用图 6.1.4 表示。这种电源可以输出两种电压，一种是相电压，就是任意一根相线与中性线之间的电压，用 U_P 表示；另一种是线电压，就是任意两根相线之间的电压，用 U_L 表示，它们之间的数量关系为

$$U_L = \sqrt{3}U_P$$

它们之间的相位关系为线电压总是超前相应的相电压 30°。

6.2

三相负载的联结方式

三相负载在电路中的联结方式有两种，一种是星形联结，另一种是三角形联结。三相负载有两种，一种是三相负载完全相同的称为对称三相负载，如三相电炉、三相电动机等；另一种就是三相不完全相同的，称为不对称三相负载，如照明电路。

议一议

三相不对称负载的联结中，中性线上能不能接开关和熔断器？

6.2.1　星形联结

星形联结是将每相负载的一端接相线，一端接中性线的联结方式，如图 6.2.1 所示。

每相绕组两端的电压或各线与中性线之间的电压，称为相电压；两根相线之间的电压称为线电压。由图 6.2.1 可知，每相负载两端的电压等于电源的相电压，且流过每相负载的电流等于电源相线上的电流。经计算可知，三相对称负载做星形联结时，中性线电流是零，因此可省去中性线，变为三相三线制，如三相变压器、三相电动机、三相电炉等。

负载做星形联结时，相电压 U_{YP} 与线电压 U_{YL} 的关系为

$$U_{YP}=U_{YL}/\sqrt{3}$$

且线电压超前所对应的相电压30°。负载的线电流 I_{YL} 与相电流 I_{YP} 相等，即 $I_{YL}=I_{YP}$。

负载做星形联结时，相量图如图6.2.2所示。

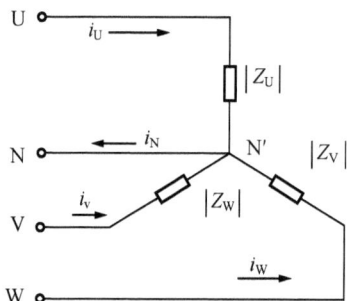

图6.2.1　负载的星形联结

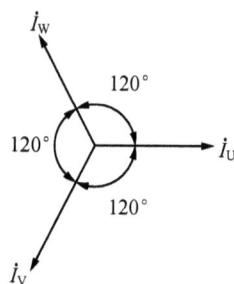

图6.2.2　相量图

对于不对称的三相负载，中性线上电流不为零，此时中性线不能省去，它可以保证每相负载上的电压对称，故规定中性线上不允许安装开关和熔断器。

做一做

电动机的星形联结如图6.2.3所示，请依照星形联结电路图连接接线盒（图6.2.4）。

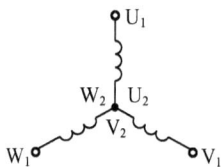

图6.2.3　星形联结

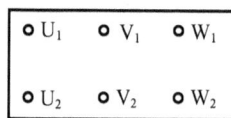

图6.2.4　接线盒

6.2.2　三角形联结

把每相负载分别联结在三相电源的两根相线之间的接法称为负载的三角形联结，如图6.2.5所示。

根据联结特点，三相负载做三角形联结时各相负载所承受的相电压均为电源线电压，即

$$U_P=U_L$$

对于对称三相负载，线电流的有效值是相电流的 $\sqrt{3}$ 倍，即

$$I_{\triangle L}=\sqrt{3}I_{\triangle P}$$

且各线电流在相位上滞后所对应的相电流 30°。

负载做三角形联结时，相量图如图 6.2.6 所示。

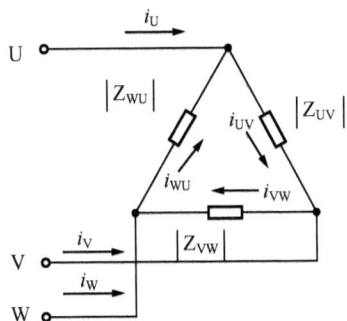

图 6.2.5　负载的三角形联结

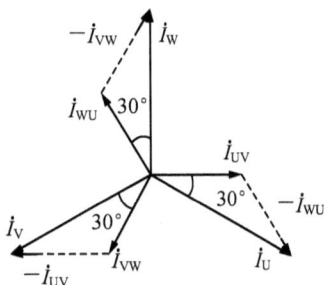

图 6.2.6　相量图

做一做

电动机的三角形联结如图 6.2.7 所示，请依照电路图连接接线盒（图 6.2.8）。

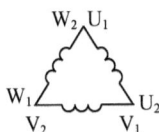

图 6.2.7　三角形联结

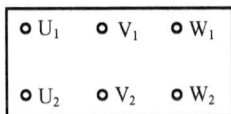

图 6.2.8　接线盒

6.2.3　三相负载功率的计算

三相负载功率的计算分为对称和不对称三相负载功率的计算，这里只讨论三相对称负载的功率计算方法，如三相电动机、三相变压器的功率计算公式都为

$$P=3U_P I_P \cos\varphi_P=\sqrt{3}U_L I_L \cos\varphi_P$$

式中：U_L——电源的线电压；

I_L——电源的线电流。

对于同一个三相负载，当做星形和三角形联结时，功率不同，后者是前者的 3 倍。

1. 对称三相电路的电压和电流计算

【例 6.2.1】已知对称三相电源线电压 $U_L=380\text{V}$，三相对称负载每相的电阻为 60Ω，电抗为 80Ω。

1）试求负载做星形联结时各相电压、线电流、相电流、中性线电流的有效值。

2）试求负载做三角形联结时各相电压、线电流、相电流的有效值。

3）试比较负载做星形和三角形联结时线电流的比值。

解：每相的阻抗是

$$|Z|=\sqrt{R^2+X^2}=\sqrt{60^2+80^2}\Omega=100\Omega$$

1）负载做星形联结时，有

$$U_{YP}=\frac{U_L}{\sqrt{3}}=\frac{380}{\sqrt{3}}V\approx220V$$

$$I_{YL}=I_{YP}=\frac{U_{YP}}{|Z|}=\frac{220}{100}A=2.2A$$

由于电源对称，各相负载对称，则各相电流和线电流也对称，所以中性线电流为零，此时去掉中性线对电路无影响。

2）负载做三角形联结时，有

$$U_{\triangle P}=U_L=380V$$

$$I_{\triangle P}=\frac{U_{\triangle L}}{|Z|}=\frac{380}{100}A=3.8A$$

$$I_{\triangle L}=\sqrt{3}I_{\triangle P}=\sqrt{3}\times3.8A\approx6.6A$$

3）三相负载做星形联结和三角形联结时线电流的比值为

$$\frac{I_{YL}}{I_{\triangle L}}=\frac{2.2}{6.6}=\frac{1}{3}$$

2. 对称三相电路的功率计算

三相对称负载不论做星形联结还是三角形联结，总有功功率 P 都可以表示为

$$P=\sqrt{3}U_L I_L \cos\varphi_P$$

三相对称负载的无功功率 Q 的计算公式为

$$Q=\sqrt{3}U_L I_L \sin\varphi_P$$

三相对称负载的视在功率 S 的计算公式为

$$S=\sqrt{3}U_L I_L$$

【例 6.2.2】有一个三相对称负载，每相的电阻是 3Ω，电抗是 4Ω。

1）若电源线电压为 380V，试计算负载分别做星形联结和三角形联结时的有功功率。

2）若线电压为 220V，试计算负载做三角形联结时的有功功率。

解：每相负载的阻抗为

$$|Z|=\sqrt{R^2+X^2}=\sqrt{3^2+4^2}\Omega=5\Omega$$

1）$U_L=380V$ 时，三相对称负载做星形联结时，有

$$U_{YP}=\frac{U_L}{\sqrt{3}}=\frac{380}{\sqrt{3}}V\approx220V$$

$$I_{YL}=I_{YP}=\frac{U_{YP}}{|Z|}=\frac{220}{5}A=44A$$

$$\cos\varphi_P=\frac{R}{|Z|}=\frac{3}{5}=0.6$$

$$P=\sqrt{3}U_LI_{YL}\cos\varphi_P=\sqrt{3}\times380V\times44A\times0.6\approx17.4kW$$

三相对称负载做三角形联结时，有

$$U_{\triangle P}=U_L=380V$$

$$I_{\triangle P}=\frac{U_{\triangle P}}{|Z|}=\frac{380}{5}A=76A$$

$$I_{\triangle L}=\sqrt{3}I_{\triangle P}=\sqrt{3}\times76A\approx131.6A$$

$$P=\sqrt{3}U_LI_{\triangle L}\cos\varphi_P=\sqrt{3}\times380V\times131.6A\times0.6\approx52kW$$

2）$U_L=220V$ 时，三相对称负载做三角形联结时，有

$$U_{\triangle P}=U_L=220V$$

$$I_{\triangle L}=\sqrt{3}I_{\triangle P}=\sqrt{3}\times\frac{U_{\triangle P}}{|Z|}=\sqrt{3}\times\frac{220}{5}A\approx76.2A$$

$$P=\sqrt{3}U_LI_{\triangle L}\cos\varphi_P=\sqrt{3}\times220V\times76.2A\times0.6\approx17.4kW$$

6.3 实践活动：观察三相星形负载电路在有、无中性线时的电压值变化

1. 实训目的

学会连接三相负载星形电路，观察该电路在有、无中性线时的运行情况，测量其相关数据并进行比较。

2. 实训器材

三相四线电源，电路板，灯座 3 个，开关，100W、60W、40W 白炽灯各一个，软电线若干，万用表，钢丝钳，一字形和十字形螺丝刀，电工刀。

3. 实训内容及步骤

第1步　安装三相四线制电路板，并测量每相电压

01 将三个白炽灯 100W、60W、40W 分别接在三相四线制电源上，连接成一个三相负载电路，如图 6.3.1 所示。

02 用万用表测量每相电压，并记录在表 6.3.1 中。

第2步　安装三相三线制电路板，并测量每相电压

01 将前面的三个白炽灯接在图 6.3.2 所示的三相三线制电路上。

02 用万用表测量每相电压，并记录在表 6.3.1 中。

第3步　比较数据，得出结论

比较数据，得出结论，记录在表 6.3.1 中。

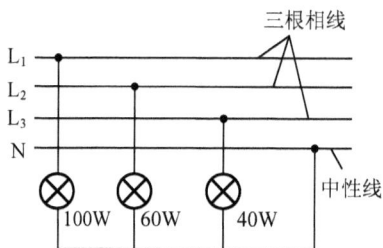

图 6.3.1　接中性线时的相电压测量　　　　图 6.3.2　不接中性线时的相电压测量

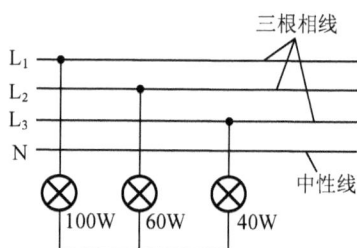

表 6.3.1　三相星形负载电路在有、无中性线时的电压值变化

接中性线（图 6.3.1）		不接中性线（图 6.3.2）		比较并得出结论
灯/W	电压值	灯/W	电压值	
100		100		
60		60		
40		40		

◀◀◀ 单 元 检 测 ▶▶▶

一、填空题

1. 由三根_____线和一根_____线所组成的供电线路，称为三相四线制电网。三相电动势到达最大值的先后次序称为_____。

2. 三相四线制供电系统可输出两种电压供用户选择，即_____电压和_____

电压。这两种电压的数值关系是_____，相位关系是_____。

3．如果对称三相交流电源的 U 相电动势 $e_U = E_m \sin(314t + \pi/6)$V，那么其余两相电动势分别为 $e_V = $_____V，$e_W = $_____V。

4．不对称星形负载的三相电路，必须采用_____供电，中性线不许安装_____和_____。

5．某对称三相负载，每相负载的额定电压为 220V，当三相电源的线电压为 380 V 时，负载应做_____联结；当三相电源的线电压为 220V 时，负载应做_____联结。

二、判断题

1．一个三相四线制供电线路中，若相电压为 220V，则电路线电压为 311V。
　　　　　　　　　　　　　　　　　　　　　　　　　　（　　）

2．三相负载越接近对称，中性线电流就越小。　　　　　　（　　）

3．两根相线之间的电压称为相电压。　　　　　　　　　　（　　）

4．三相交流电源是由频率、有效值、相位都相同的三个单个交流电源按一定方式组合起来的。　　　　　　　　　　　　　　　　　　　　（　　）

5．三相对称负载的相电流是指电源相线上的电流。　　　　（　　）

6．在对称负载的三相交流电路中，中性线上的电流为零。　（　　）

7．三相对称负载做三角形联结时，线电流的有效值是相电流有效值的 $\sqrt{3}$ 倍，且相位比相应的相电流超前 30°。　　　　　　　　　　　　　　　　（　　）

8．一台三相电动机，每个绕组的额定电压是 220 V，现三相电源的线电压是 380 V，则这台电动机的绕组应连成三角形。　　　　　　　　　　　　（　　）

三、选择题

1．某三相对称电源电压为 380V，则其线电压的最大值为（　　）V。
　　A．$380\sqrt{2}$　　　B．$380\sqrt{3}$　　　C．$380\sqrt{6}$　　　D．$380\sqrt{2}/\sqrt{3}$

2．已知在对称三相电压中，V 相电压为 $U_V = 220\sqrt{2}\sin(314t + \pi)$V，则 U 相和 W 相电压为（　　）V。

　　A．$U_U = 220\sqrt{2}\sin(314t + \dfrac{\pi}{3})$　　　$U_W = 220\sqrt{2}\sin(314t - \dfrac{\pi}{3})$

　　B．$U_U = 220\sqrt{2}\sin(314t - \dfrac{\pi}{3})$　　　$U_W = 220\sqrt{2}\sin(314t + \dfrac{\pi}{3})$

　　C．$U_U = 220\sqrt{2}\sin(314t + \dfrac{\pi}{3})$　　　$U_W = 220\sqrt{2}\sin(314t - \dfrac{2\pi}{3})$

3．三相交流电相序 U—V—W—U 属于（　　）。
　　A．正序　　　　B．负序　　　　C．零序

4．三相电源做星形联结，三相负载对称，则（　　）。
　　A．三相负载做三角形联结时，每相负载的电压等于电源线电压

    B．三相负载做三角形联结时，每相负载的电流等于电源线电流

    C．三相负载做星形联结时，每相负载的电压等于电源线电压

    D．三相负载做星形联结时，每相负载的电流等于线电流的 $1/\sqrt{3}$

5．同一三相对称负载接在同一电源中，做三角形联结时三相电路的相电流、线电流、有功功率分别是做星形联结时的（　　）倍。

    A．$\sqrt{3}$、$\sqrt{3}$、$\sqrt{3}$　　　　　　　　B．$\sqrt{3}$、$\sqrt{3}$、3

    C．$\sqrt{3}$、3、$\sqrt{3}$　　　　　　　　D．$\sqrt{3}$、3、3

6．如图 6.1 所示，三相电源线电压为 380 V，$R_1 = R_2 = R_3 = 10\Omega$，则电压表和电流表的读数分别为（　　）。

    A．220V、22 A　　B．380V、38 A　　C．380V、$38\sqrt{3}$ A

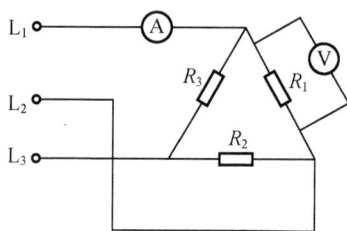

图 6.1

四、问答与计算题

1．如果有一个验电笔或者一个量程为 500V 的交流电压表，试确定三相四线制供电线路中的相线和中性线，并说出所用方法。

2．发电机的三相绕组接成星形，设其中某两根相线之间的电压 $u_{UV} = 380\sqrt{2}\sin(\omega t - 300)$V，试写出所有相电压和线电压的解析式。

3．在线电压为 220V 的对称三相电路中，每相接 220V/60W 的灯泡 20 盏。电灯应接成星形还是三角形？画出连接电路图，并求各相电流和各线电流。

4．一个三相电炉，每相电阻为 22Ω，接到线电压为 380V 的对称三相电源上。求：

    1）相电压、相电流和线电流。

    2）当电炉接成三角形时，求相电压、相电流和线电流。

5．对称三相负载做三角形联结，其各相电阻 $R = 8\Omega$，感抗 $X_L = 6\Omega$，将它们接到线电压为 380 V 的对称电源上，求相电流、线电流及负载的总有功功率。

7
单元

三相异步电动机

>>>>>

◎ **知识目标**

- 了解三相异步电动机的结构和用途。
- 掌握三相异步电动机的工作原理。
- 掌握三相异步电动机的检测方法。

◎ **能力目标**

- 能说出三相异步电动机的工作原理。
- 能判别三相异步电动机的同名端。
- 能在日常生活中正确使用三相异步电动机。

7.1

三相异步电动机的结构及工作原理

实现电能与机械能相互转换的电工设备总称为电机。电机是利用电磁感应原理实现电能与机械能的相互转换的。把机械能转换成电能的设备称为发电机，而把电能转换成机械能的设备称为电动机。

在生产上主要用的是交流电动机，特别是三相异步电动机。因为它具有结构简单、坚固耐用、运行可靠、价格低廉、维护方便等优点。它被广泛地用来驱动各种金属切削机床、起重机、锻压机、传送带、铸造机械、功率不大的通风机及水泵等。

7.1.1　三相异步电动机的结构

三相异步电动机的两个基本组成部分为定子（固定部分）和转子（旋转部分）。此外，还有端盖、风扇等附属部分，如图 7.1.1 所示。

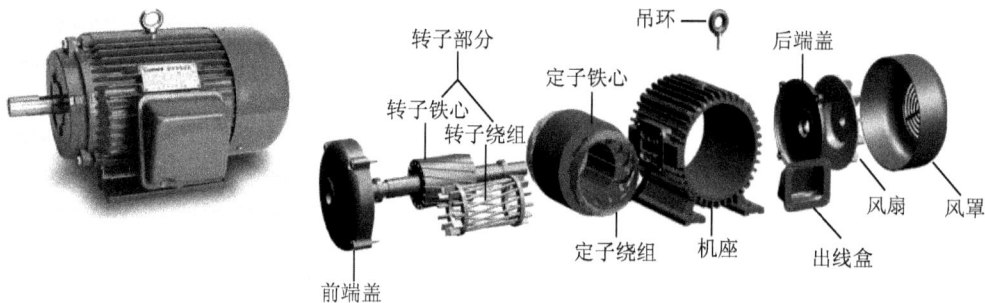

图 7.1.1　三相异步电动机的分解

1. 定子

三相异步电动机的定子由铁心、定子绕组和机座组成。

（1）定子铁心

作用：电机磁路的一部分，并在其上放置定子绕组。

构造：定子铁心一般由 0.35～0.5mm 厚、表面具有绝缘层的硅钢片冲制、叠压而成，在铁心的内圆冲有均匀分布的槽，用以嵌放定子绕组。

（2）定子绕组

作用：是电动机的电路部分，通入三相交流电，产生旋转磁场。

构造：由三个在空间互隔 120° 电角度、对称排列的结构完全相同的绕组连接而成。这些绕组的各个线圈按一定规律分别嵌放在定子各槽内。

定子绕组的主要绝缘项目有以下三种（保证绕组的各导电部分与铁心间的可靠绝缘，以及绕组本身间的可靠绝缘）：

1）对地绝缘：定子绕组整体与定子铁心间的绝缘。

2）相间绝缘：各相定子绕组间的绝缘。

3）匝间绝缘：每相定子绕组各线匝间的绝缘。

看一看

电动机接线盒内的接线

电动机接线盒内都有一块接线板，三相绕组的六个线头排成上、下两排，并规定上排三个接线柱自左至右排列的编号为 1（U_1）、2（V_1）、3（W_1），下排三个接线柱自左至右排列的编号为 6（W_2）、4（U_2）、5（V_2），制造和维修时均应按这个序号排列。电动机正常工作须将三相绕组做成星形联结或三角形联结。图 7.1.2（a）所示为定子绕组的星形联结，图 7.1.2（b）所示为定子绕组的三角形联结。

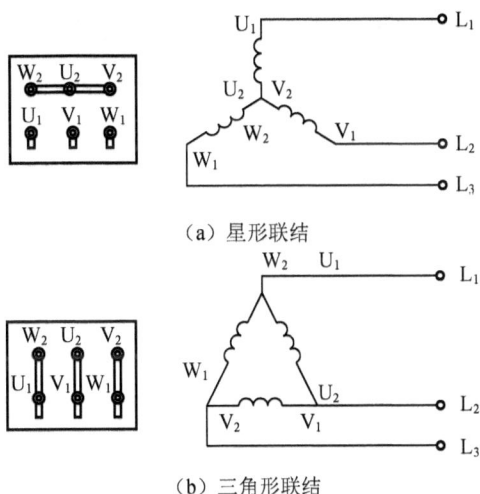

（a）星形联结

（b）三角形联结

图 7.1.2　定子绕组的星形联结和三角形联结

（3）机座

作用：固定定子铁心与前后端盖以支撑转子，并起防护、散热等作用。

构造：机座通常为铸铁件，大型异步电动机机座一般用钢板焊成，微型电动机的机座采用铸铝件。封闭式电动机的机座外面有散热筋以增加散热面积，防护式电动机的机座两端端盖开有通风孔，使电动机内外的空气可直接对流，以利于散热。

2. 转子

三相异步电动机的转子由转子铁心、转子绕组和转轴组成。

（1）转子铁心

作用：是电机磁路的一部分，以及在铁心槽内放置转子绕组。

构造：所用材料与定子一样，由 0.5mm 厚的硅钢片冲制、叠压而成，硅钢片外圆冲有均匀分布的孔，用来安置转子绕组。通常用定子铁心冲落后的硅钢片内圆来冲制转子铁心。一般小型异步电动机的转子铁心直接压装在转轴上，大、中型异步电动机（转子直径在 300mm 以上）的转子铁心则借助于转子支架压在转轴上。

（2）转子绕组

作用：切割定子旋转磁场产生感应电动势及电流，并形成电磁转矩而使电动机旋转。

构造：分为鼠笼式转子和绕线式转子。

1）鼠笼式转子：转子绕组由插入转子槽中的多根导条和两个环形的端环组成。若去掉转子铁心，整个绕组的外形像一个鼠笼，故称笼形绕组。小型笼形电动机采用铸铝转子绕组，100kW 以上的电动机采用铜条和铜端环焊接而成，如图 7.1.3 所示。

（a）鼠笼式转子绕组　　　（b）铸铝转子

图 7.1.3　异步电动机鼠笼式转子

2）绕线式转子：绕线转子绕组与定子绕组相似，也是一个对称的三相绕组，一般接成星形，三个出线头接到转轴的三个集流环上，再通过电刷与外电路连接。

绕线式转子的绕组和定子的绕组相似，也是三相的，做星形联结。它每相的始端连接在三个铜制的集电环上，通过一组电刷把转子绕组从三个接线端引出来并与外电路连接。图 7.1.4 所示是绕线式转子的外形与接线图。集电环固定在转轴上，环与环、环与转轴都互相绝缘。绕线式转子的特点是可以通过集电环和电刷在转子电路中接入附加电阻，以改善异步电动机的起动性能。

3. 其他附件

1）端盖：支撑作用。

2）轴承：连接转动部分与不动部分。

3）轴承端盖：保护轴承。

4）风扇：冷却电动机。

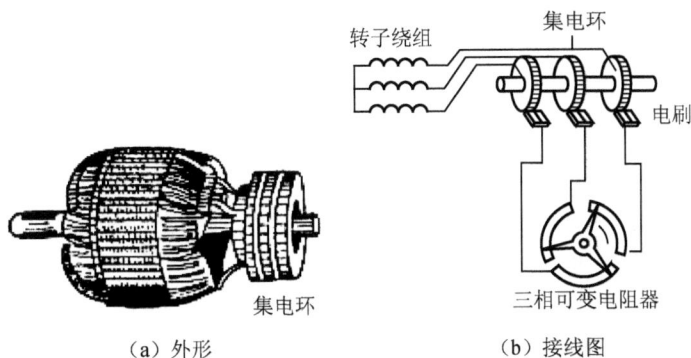

（a）外形　　　　　　　　　　（b）接线图

图 7.1.4　异步电动机绕线式转子外形与接线图

7.1.2　三相异步电动机的工作原理

三相异步电动机接上电源就会转动，这是因为三相异步电动机的定子绕组通入三相电流后便产生旋转磁场，使转子导体做切割磁感线运动，在转子电路中产生感应电流，转子在磁场中受力产生电磁转矩，从而使转子旋转。所以旋转磁场的产生对转子转动至关重要。

1. 旋转磁场的产生

三相异步电动机的定子铁心中放有三相对称绕组 U_1U_2、V_1V_2 和 W_1W_2，即它们的始端 U_1、V_1、W_1 在空间位置上相互差 120°，如图 7.1.5（a）所示将三相绕组接成星形，接在三相电源上，绕组中便涌入三相对称电流，有

$$i_1 = I_m \sin \omega t$$
$$i_2 = I_m \sin(\omega t - 120°)$$
$$i_3 = I_m \sin(\omega t - 240°)$$

其波形如图 7.1.5（b）所示。把绕组始端到末端的方向作为电流参考方向，在电流的正半周时，电流为正；在负半周时，电流为负。

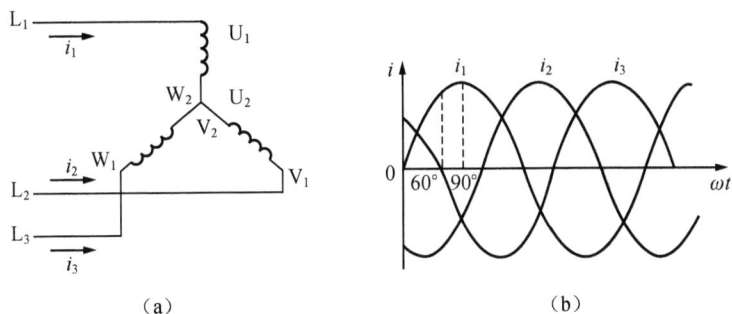

（a）　　　　　　　　　　　　　　（b）

图 7.1.5　三相对称电流

在 $\omega t=0°$ 的瞬时，定子绕组中的电流方向如图 7.1.5（b）所示。此时 $i_1=0$ ；i_2 为负，其方向与参考方向相反，即自 V_2 到 V_1 ；i_3 为正，其方向与参考方向相同，即电流 i_3 自 W_1 流到 W_2 。将各相电流所产生的磁场相加，便得出三相电流的合成磁场。如图 7.1.6（a）所示，合成磁场的方向是自上而下的。

当 $\omega t=60°$ 时，$i_3=0$ ，i_1 为正，其方向与参考方向相同；i_2 为负，其方向与参考方向相反。根据右手螺旋定则确定三相电流的合成磁场的方向，如图 7.1.6（b）所示，合成磁场已在空间顺时针转过了 60° 。

同理可得，在 $\omega t=90°$ 时，三相电流的合成磁场比 $\omega t=60°$ 时的合成磁场在空间又转过了 30° ，如图 7.1.6（c）所示。

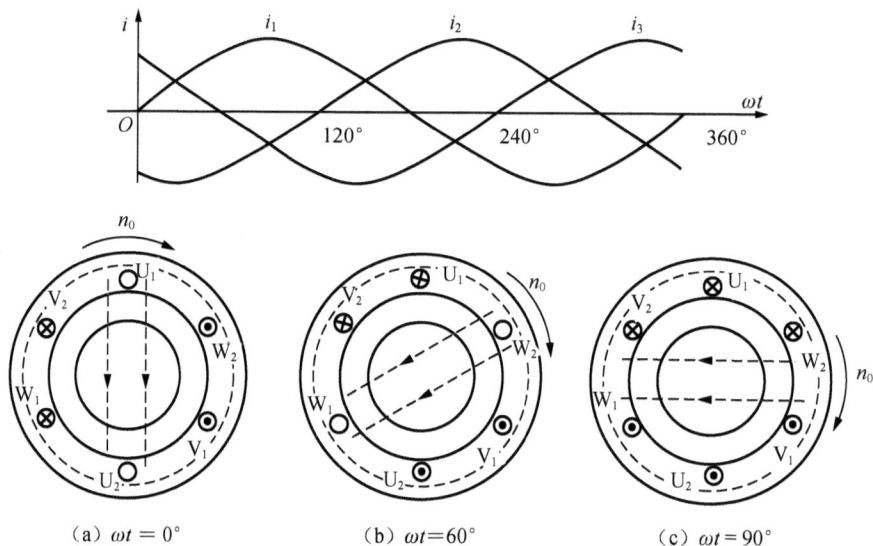

（a）$\omega t=0°$ （b）$\omega t=60°$ （c）$\omega t=90°$

图 7.1.6 三相电流产生的旋转磁场

由上述分析可知，当定子绕组中通入三相电流后，它们共同产生的合成磁场随电流的交变在空间不断地旋转着，这就是旋转磁场。

想一想

如何实现三相异步电动机的反转？

2. 旋转磁场的转向

由图 7.1.5 和图 7.1.6 可见，旋转磁场的旋转方向与三相绕组电流的相序有关，即转向是顺 $i_1 \rightarrow i_2 \rightarrow i_3$ 或 $L_1 \rightarrow L_2 \rightarrow L_3$ 相序的。只要将同三相电源连接的三根导线中的任意两根的一端对调位置,如将电动机三相定子绕组的 V_1 端改成与电源 L_3 相连,W_1 与 L_2 相连,则旋转磁场就反转了。分析方法与前面相同。

看一看

实现电机反转的方法:和电源相接的任意两相互换,就可实现反转,如图 7.1.7 所示。

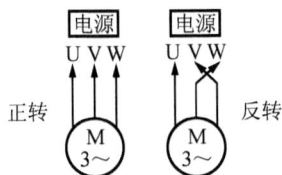

图 7.1.7　实现电机反转的电源接线示意

3. 旋转磁场的极数与转速

(1) 极数

三相异步电动机的极数就是旋转磁场的极数(磁极对数 p)。旋转磁场的极数和三相绕组的安排有关。

在图 7.1.6 所示的情况下,每相绕组只有一个线圈,绕组的始端之间相差 120° 空间角时,产生的旋转磁场具有一对极,即 $p=1$;当每相绕组为两个线圈串联,绕组的始端之间相差 60° 空间角时,产生的旋转磁场具有两对极,即 $p=2$。同理,如果要产生三对极,即 $p=3$ 的旋转磁场,则每相绕组必须有均匀安排在空间的串联的三个线圈,绕组的始端之间相差 40°(=120°/p)空间角。极数 p 与绕组的始端之间的空间角 θ 的关系为

$$\theta = 120°/p$$

(2) 转速

三相异步电动机旋转磁场的转速 n_0 与电动机磁极对数 p 有关,它们的关系是

$$n_0 = 60 f_1 / p$$

由上式可知,旋转磁场的转速 n_0 决定于电流频率 f_1 和磁场的极数 p。对某一异步电动机而言,f_1 和 p 通常是一定的,所以磁场转速 n_0 是个常数。

在我国,工频 $f_1 = 50\text{Hz}$,对应于不同磁极对数 p 的旋转磁场转速 n_0 如表 7.1.1 所示。

表 7.1.1　磁极对数 p 与旋转磁场转速 n_0 的关系

p	1	2	3	4	5	6
n_0	3000	1500	1000	750	600	500

4. 转子转动原理

图 7.1.8 所示是两极三相异步电动机转子转动的原理图。设磁场以同步转速 n_0 逆时针方向旋转，转子与磁场之间有相对运动，即相当于磁场不动，转子导体以顺时针方向切割磁感线，于是在导体中产生感应电动势，其方向由右手定则确定。由于转子导体的两端由断环连通，形成闭合的转子电路，因此在转子电路中便产生了感应电流。载流的转子导体在磁场中受电磁力 F 的作用形成电磁转矩。在此转矩的作用下，转子便沿旋转磁场方向转动起来。转子转动的方向和磁极旋转的方向相同。当磁场反转时，电动机也跟着反转。

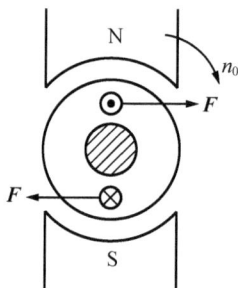

图 7.1.8 两极三相异步电动机转子转动的原理图

7.2

三相异步电动机的技术数据及选择

7.2.1 三相异步电动机的技术数据

每台电动机的机座上都装有一块铭牌。铭牌上标注有该电动机的主要性能和技术数据，如图 7.2.1 所示。

三相异步电动机					
型　号	Y132M-4	功　率	7.5kW	频　率	50Hz
电　压	380V	电　流	15.4A	接　法	△
转　速	1440r/min	绝缘等级	E	工作方式	连续
温　升	80℃	防护等级	IP44	重　量	55kg
	年　月　编号			××电机厂	

图 7.2.1 三相电动机的铭牌

1. 型号

为不同用途和不同工作环境的需要，电机制造厂把电动机制成各种系列，每个系列的不同电动机用不同的型号表示。图 7.2.2 所示为型号中各部分含义。三相异步电动机型号举例如图 7.2.3 所示。

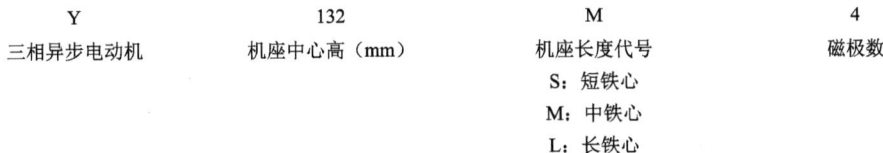

```
        Y                132                  M                   4
   三相异步电动机      机座中心高（mm）       机座长度代号          磁极数
                                          S：短铁心
                                          M：中铁心
                                          L：长铁心
```

图 7.2.2　型号中各部分含义

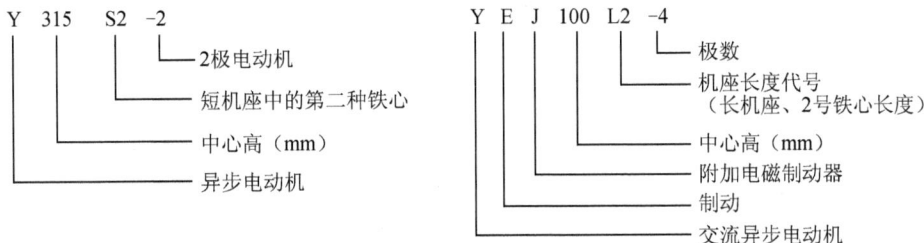

```
Y  315  S2 -2                        Y E J 100 L2 -4
            2极电动机                              极数
         短机座中的第二种铁心                    机座长度代号
         中心高（mm）                          （长机座、2号铁心长度）
         异步电动机                             中心高（mm）
                                              附加电磁制动器
                                              制动
                                              交流异步电动机
```

图 7.2.3　三相异步电动机型号举例

2. 接法

接法指电动机三相定子绕组的联结方式。

一般鼠笼式电动机的接线盒中有六根引出线，标有 U_1、V_1、W_1、U_2、V_2、W_2。其中，U_1、V_1、W_1 是每一相绕组的始端，U_2、V_2、W_2 是每一相绕组的末端。

三相异步电动机的联结方法有两种：星形联结和三角形联结。通常三相异步电动机功率在 4kW 以下者接成星形，在 4kW（不含）以上者接成三角形。

3. 电压

铭牌上所标的电压值是指电动机在额定运行时定子绕组上应加的线电压值。一般规定电动机的电压不应高于或低于额定值的 5%。

> **小贴士**
>
> 在低于额定电压下运行时，最大转矩 T_{max} 和起动转矩 T_{st} 会显著地降低，这对电动机的运行是不利的。

三相异步电动机的额定电压有 380V、3000V 及 6000V 等多种。

4. 电流

铭牌上所标的电流值是指电动机在额定运行时定子绕组的最大线电流允许值。

当电动机空载时，转子转速接近于旋转磁场的转速，两者之间相对转速很小，所以转子电流近似为零，这时定子电流几乎全为建立旋转磁场的励磁电流。当输出功率增大时，转子电流和定子电流都随着相应增大。

5. 功率与效率

铭牌上所标的功率值是指电动机在规定的环境温度下，在额定运行时电极轴上输出的机械功率值。输出功率与输入功率不等，其差值等于电动机本身的损耗功率，包括铜损、铁损及机械损耗等。

效率 η 是输出功率与输入功率的比值。一般鼠笼式电动机在额定运行时的效率为 72%～93%。

6. 功率因数

因为电动机是电感性负载，定子相电流比相电压滞后一个 φ 角，$\cos\varphi$ 就是电动机的功率因数。三相异步电动机的功率因数较低，在额定负载时为 0.7～0.9，而在轻载和空载时更低，空载时只有 0.2～0.3。选择电动机时应注意其容量，防止"大马拉小车"，并力求缩短空载时间。

7. 转速

电动机额定运行时的转子转速，单位为转/分（r/min）。不同的磁极数对应有不同的转速等级，最常用的是四个级的（$n_0 = 1500 \text{r/min}$）。

8. 绝缘等级

绝缘等级（表 7.2.1）是按电动机绕组所用的绝缘材料在使用时容许的极限温度来分级的。极限温度指电机绝缘结构中最热点的最高容许温度。

表 7.2.1　绝缘等级

绝缘等级	环境温度 40℃时的容许温升/℃	极限容许温度/℃
A	65	105
E	80	120
B	90	130

7.2.2　三相异步电动机的选择

正确选择电动机的功率、种类、型式是极为重要的，下面依次进行介绍。

1. 功率的选择

应根据负载的情况选择合适的电动机功率，选大了虽然能保证正常运行，但是不经济，电动机的效率和功率因数都不高；选小了就不能保证电动机和生产机械的正常运行，不能充分发挥生产机械的效能，并使电动机由于过载而过早地损坏。

（1）连续运行电动机功率的选择

对于连续运行的电动机，应先算出生产机械的功率，所选电动机的额定功率等于或稍大于生产机械的功率即可。

（2）短时运行电动机功率的选择

如果没有合适的专为短时运行设计的电动机，可选用连续运行的电动机。由于发热惯性，在短时运行时可以容许过载。工作时间愈短，则过载可以愈大，但电动机的过载是受到限制的。通常根据过载系数 λ 来选择短时运行电动机的功率。电动机的额定功率可以是生产机械所要求的功率的 $1/\lambda$。

2. 种类、型式及电压和转速的选择

（1）种类的选择

电动机种类的选择是从交流或直流、机械特性、调速与起动性能、维护及价格等方面来考虑的。

1）交、直流电动机的选择。如没有特殊要求，一般都应采用交流电动机。

2）鼠笼式与绕线式的选择。三相鼠笼式异步电动机结构简单，坚固耐用，工作可靠，价格低廉，维护方便，但调速困难，功率因数较低，起动性能较差。因此，在进行机械特性较硬而无特殊调速要求的一般生产机械的拖动时应尽可能选用鼠笼式电动机，只有在不方便采用鼠笼式异步电动机时才选用绕线式电动机。

（2）结构型式的选择

电动机常制成以下几种结构型式：

1）开启式：在构造上无特殊防护装置，用于干燥无灰尘的场所，通风非常良好。

2）防护式：在机壳或端盖下面有通风罩，以防止铁屑等杂物掉入；也有的将外壳做成挡板状，以防止在一定角度内有雨水溅入其中。

3）封闭式：其外壳严密封闭，靠自身风扇或外部风扇冷却，并在外壳带有散热片，用于灰尘多、潮湿或含有酸性气体的场所。

4）防爆式：整个电机严密封闭，用于有爆炸性气体的场所。

（3）安装结构型式的选择

1）机座带底脚，端盖无凸缘（B$_3$）。

2）机座不带底脚，端盖有凸缘（B$_5$）。

3）机座带底脚，端盖有凸缘（B$_{35}$）。

（4）电压和转速的选择

1）电压的选择。电动机电压等级的选择要根据电动机类型、功率，以及使用地点的电源电压来决定。Y 系列鼠笼式电动机的额定电压只有 380V 一个等级。只有大功率异步电动机才采用 3000V 和 6000V。

2）转速的选择。电动机的额定转速是根据生产机械的要求而选定的，但通常转速不低于 500r/min。因为当功率一定时，电动机的转速越低，其尺寸越大，价格越贵，且效率也较低，所以不如购买一台高速电动机再另配减速器合算。

7.3

三相电动机的使用与检查

7.3.1　电动机同名端的判断方法

想一想

三相电动机正常起动必须按照星形或三角形正确接线。请想一想：
1. 当电动机维修完后六根线头没有编号，如何接线？
2. 若在使用过程中接线座损坏、线号丢失，应如何接线？

要想回答并解决"想一想"中的问题，必须学会电动机同名端的判别方法，这样才能将没有编号的六根线头正确接线。具体方法有如下三种：直流法、交流法和剩磁法。

1. 直流法

直流法的具体步骤如下：

1）用万用表电阻挡分别找出三相绕组的各相两个线头。

2）给各相绕组假设编号为 U_1、U_2、V_1、V_2 和 W_1、W_2。

3）按图 7.3.1（a）所示接线，观察万用表指针摆动情况。合上开关瞬间，若指针正偏，则电池正极的线头与万用表负极（黑表笔）所接的线头同为首端或尾端；若指针反偏，则电池正极的线头与万用表正极（红表笔）所接的线头同为首端或尾端。再将电池和开关接另一相的两个线头进行测试，就可正确判别各相的首尾端。

2. 交流法

给各相绕组假设编号为 U_1、U_2、V_1、V_2 和 W_1、W_2，按图 7.3.1（b）左图接线，接通电源。若灯灭，则两个绕组相连接的线头同为首端或尾端；若灯亮，则不是同为首端或尾端。

3. 剩磁法

按图 7.3.1（c）所示接线，假设异步电动机存在剩磁，给各相绕组假设编号为 U_1、U_2、V_1、V_2 和 W_1、W_2。转动电动机转子，若万用表指针不动，则证明首尾端假设编号是正确的；若万用表指针摆动，则说明其中一相首尾端假设编号不对，应逐相对调重测，直至正确为止。

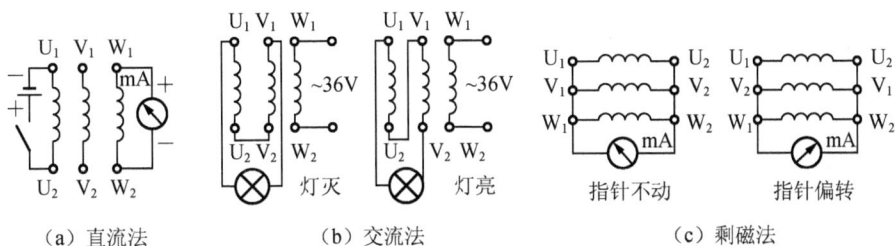

（a）直流法　　　　　（b）交流法　　　　　（c）剩磁法

图 7.3.1　电动机同名端的判别方法

小贴士

若万用表指针不动，还得证明电动机存在剩磁。具体方法是改变接线，使线号接反，转动转子后，若指针仍不动，则说明没有剩磁；若指针摆动，则表明有剩磁。

7.3.2　电动机的检查

1. 起动前的检查

1）新的或长期停用的电动机，使用前应检查绕组间和绕组对地的绝缘电阻。通常对 500V 以下的电动机用 500V 绝缘电阻表；对 500～1000V 的电动机用 1000V 绝缘电阻表；对 1000V 以上的电动机用 2500V 绝缘电阻表。绝缘电阻每千伏工作电压不得小于 $1M\Omega$，并应在电动机冷却状态下测量。

2）检查电动机的外表有无裂纹，各紧固螺钉及零件是否齐全，电动机的固定情况是否良好。

3）检查电动机传动机构的工作是否可靠。

4）比较铭牌所示数据，如电压、功率、频率、接法、转速等与电源、负载是否相符。

5）检查电动机的通风情况及轴承润滑情况是否正常。

6）扳动电动机转轴，检查转子能否自由转动，转动时有无杂声。

7）检查电动机的电刷装配情况及举刷机构是否灵活，举刷手柄的位置是否正确。

8）检查电动机接地装置是否可靠。

2. 起动后的检查

1）检查电动机的旋转方向是否正确。

2）检查在起动加速过程中，电动机有无振动和异常声响。

3）检查起动电源是否正常，电压降大小是否影响周围电气设备正常工作。

4）检查起动时间是否正常。

5）检查负载电流是否正常，三相电压、电流是否平衡。

6）检查起动装置、控制系统动作是否正常。

3. 运转中的检查

1）检查有无振动和噪声。

2）检查有无臭味和冒烟现象。

3）检查温度是否正常，有无局部过热。

4）检查电动机运转是否稳定。

5）检查三相电流和输入功率是否正常。

6）检查三相电压、电流是否平衡，有无波动现象。

7）检查有无其他方面的不良因素。

4. 日常检查

1）外观全面检查，并记录。

2）检查电动机各部分是否有振动、噪声和异常现象，各部分温度是否正常。

3）检查供油系统，进行润滑轴承。

4）检查通风冷却系统、滑动摩擦状况，以及各部紧固情况。

5. 每月巡回检查

1）外观全面检查，并记录。

2）检查各部分松动情况及接触情况。

3）检查粉尘堆积情况。

4）检查进出线和配线有无破损及老化情况。

实践活动：使用绝缘电阻表测量电动机绝缘电阻

1．实训目的

1）掌握绝缘电阻表的使用方法。

2）掌握测量电动机绝缘电阻的方法。

2．实训器材

ZC25 型绝缘电阻表、三相交流电动机、导线、螺丝刀。

3．实训内容及步骤

第 1 步　认识绝缘电阻表

绝缘电阻表又称兆欧表，是一种常用的高电阻值测量仪表，可用来测量电路、电机绕组、电缆和电气设备等的绝缘电阻。图 7.4.1 所示为便携式 ZC25 型号绝缘电阻表，它由一个手摇发电机、表头和三个接线柱组成。三个接线柱中，L 为线路端，E 为接地端，G 为屏蔽端。

接地端E　　　线路端L

屏蔽端G

图 7.4.1　ZC25 型绝缘电阻表

第 2 步　绝缘电阻表的选择

01　额定电压等级的选择。一般情况下，额定电压在 500V 以下的设备，应选用 500V 的绝缘电阻表；额定电压在 500V 以上的设备，选用 1000～2500V 的绝缘电阻表。

02　电阻量程范围的选择。绝缘电阻表的表盘刻度线上有两个小黑点，小黑点之间的区域为准确测量区域。所以在选表时应使被测设备的绝缘电阻值在准确测量区域内。

第3步 绝缘电阻表的检查

01 检查绝缘电阻表的外观，确保表壳无损坏、钳口清洁。

02 对绝缘电阻表进行开路试验（图 7.4.2）和短路试验（图 7.4.3），检查绝缘电阻表是否完好。

开路试验具体方法：绝缘电阻表平稳放置，将绝缘电阻表两接线端 L、E 分开，在绝缘电阻表未接通被测电阻之前，摇动手柄使发电机达到 120r/min 的额定转速，观察指针是否指在标度尺"∞"的位置。

短路试验具体方法：绝缘电阻表平稳放置，再把两接线端 L、E 短接，缓慢摇动手柄，观察指针是否指在标度尺的"0"位置。

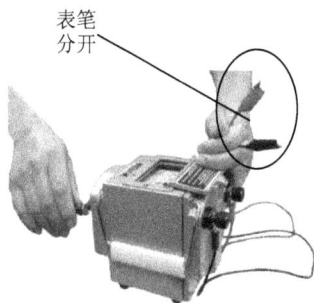

图 7.4.2 绝缘电阻表的开路试验   图 7.4.3 绝缘电阻表的短路试验

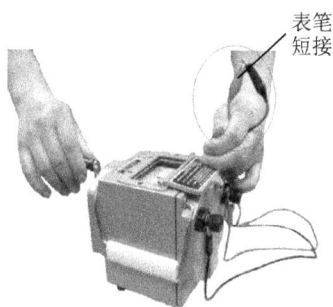

第4步 测试电动机对地绝缘电阻

01 断开电源，确保电动机处于停止状态。

02 拆除电动机接线柱上的所有连接片。

03 将绝缘电阻表的"E"测试线接电动机的外壳，绝缘电阻表的"L"测试线接电动机绕组任一端，并且绝缘电阻表与被测设备间的连接导线不能用双股绝缘线或绞线，应用单股线分开单独连接。

04 摇动手柄达到 120r/min，稳定后读取读数，此数值就是电动机这一相绕组对地的绝缘电阻值，如图 7.4.4 所示。同时，还应记录测量时的温度、湿度、被测设备的状况等，以便于分析测量结果。

05 拆除"L"端接线后停止摇表，并放电。

06 重复以上步骤，测试电动机其他几个绕组的接线端对地绝缘电阻。

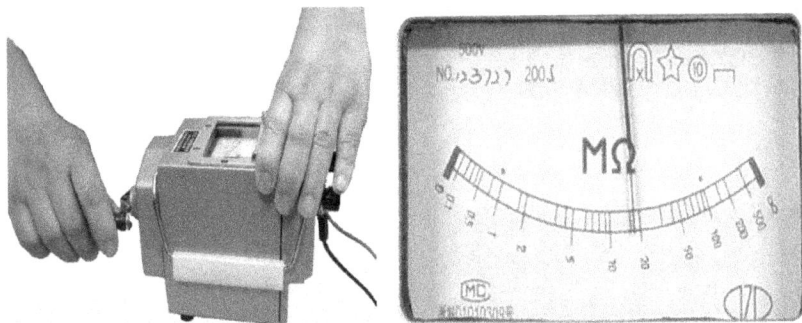

图 7.4.4　绝缘电阻表的使用与读数

第 5 步　测试电动机绕组间的绝缘电阻

01 绝缘电阻表对地绝缘测试后放电。

02 将绝缘电阻表的"L"、"E"测试线分别接电动机的一相绕组，然后摇动手柄读数。

03 摇动手柄达到 120r/min，稳定后读取读数，此数值就是电动机绕组间的相间绝缘电阻。

04 拆除"L"、"E"端接线后停止摇表，并放电。

05 用同样方法测试电动机其他几个绕组间的绝缘电阻，将测试结果填入表 7.4.1 中。

表 7.4.1　记录表

项目		测试结果	判断
电动机相对地绝缘电阻	U 相		
	V 相		
	W 相		
电动机绕组间的绝缘电阻	U—V 相		
	V—W 相		
	W—U 相		
绝缘电阻表型号			
电动机是否可用			

◀◀◀◀　单 元 检 测　▶▶▶▶

一、填空题

1．三相异步电动机的两个基本组成部分为定子和_____。

2．定子绕组的主要绝缘项目有对地绝缘、_____绝缘和匝间绝缘。

3．三相异步电动机的联结方法有星形联结和_____联结两种。

4．电机同名端判断方法有直流法、交流法和_____三种。

5．绝缘电阻表又称为_____，它由一个_____、表头和三个接线柱组成。三个接线柱为线路端 L、接地端 E 和_____。

二、判断题

1．机械能转换成电能的设备称为电动机。 （　　）

2．通常三相异步电动机功率在 4kW 以下者接成星形。 （　　）

3．铭牌上所标的电压值是指电动机在额定运行时定子绕组上应加的线电压值。

（　　）

4．三相异步电动机效率 η 是输入功率与输出功率的比值。 （　　）

5．绝缘电阻表的额定转速为 120r/min。 （　　）

三、简答题

1．简述实现电动机反转的方法，并说明理由。

2．电动机起动前要做哪些检查？

参 考 文 献

于建华. 2010. 电工技术基础与技能. 北京：人民邮电出版社.

王英. 2010. 电工电子技术与技能（非电类通用）. 北京：科学出版社.

张孝三. 2011. 电工技术基础与技能. 北京：科学出版社.